Sitzungsberichte
der Akademie der Wissenschaften
der DDR
Mathematik – Naturwissenschaften – Technik

15N
1978

Karl Lanius

Elementarteilchen 1977

AKADEMIE-VERLAG · BERLIN

Sitzungsberichte
der Akademie der Wissenschaften
der DDR
Mathematik — Naturwissenschaften — Technik

Jahrgang 1978 · Nr. 15/N

Karl Lanius

Elementarteilchen 1977

AKADEMIE-VERLAG · BERLIN
1978

Vortrag von Karl Lanius,
Ordentliches Mitglied der Akademie der Wissenschaften der DDR, vor der Klasse Physik am 3. 11. 1977

Herausgegeben im Auftrage
des Präsidenten der Akademie
der Wissenschaften der DDR
von Vizepräsident Prof. Dr. Heinrich Scheel

Erschienen im Akademie-Verlag, 108 Berlin, Leipziger Str. 3–4

Lizenznummer: 202 · 100/232/78
Gesamtherstellung: VEB Druckhaus Köthen
Bestellnummer: 762 694 0 (2010/78/15/N) LSV 1175
Printed in GDR
DDR 4,50 M

1. Einleitung

Die Antwort auf die Frage „Welche Elementarteilchen gibt es in der Natur?“ wandelte sich im zwanzigsten Jahrhundert grundlegend.

Aus den Streuversuchen von α-Teilchen in Materie folgerte RUTHERFORD 1911, daß das Atom aus einem kleinen, positiv geladenen, fast die ganze Atommasse tragenden Kern besteht, der von einem Planetensystem von Elektronen umgeben ist. Der Kern des Wasserstoffatoms wurde Proton genannt. Bis zum Beginn der dreißiger Jahre gingen die theoretischen Überlegungen von der Existenz zweier fundamentaler Teilchenarten aus, der Elektronen und der Protonen. Sie wurden als unveränderliche Elementarteilchen betrachtet.

Daß diese Vorstellung falsch war, zeigten der experimentelle Nachweis des von der DIRACschen Theorie vorausgesagten Positrons und insbesondere die Entdeckung der Paarerzeugung von Elektron und Positron bzw. ihre gegenseitige Annihilation. Elektronen und Positronen werden erzeugt und vernichtet. Eine Elementarität im Sinne einer Unveränderlichkeit individueller Elektronen und Positronen gibt es nicht.

Neben diesem grundlegenden Wandel in der Auffassung der Elementarität brachte die erste Hälfte der dreißiger Jahre einige weitere wichtige Erkenntnisse. Die Entdeckung des Neutrons durch CHADWICK machte den Weg frei für das Verständnis des Aufbaus der Atomkerne aus Protonen und Neutronen. Ausgehend von der Energie- und Impulserhaltung im radioaktiven Zerfall folgerte PAULI die Existenz des Neutrinos (ν); $n \to p + e^- + \bar{\nu}_e$. Der experimentelle Nachweis der Neutrinos gelang jedoch erst etwa 25 Jahre später COWAN und REINES. Sie nutzten dabei den hohen $\bar{\nu}_e$-Fluß eines Kernreaktors.

In den dreißiger Jahren standen zur Beschreibung der Struktur der Materie fünf fundamentale Teilchen zur Verfügung: Das Elektron und das Neutrino, das Photon als das Quant des elektromagnetischen Feldes und das Proton und Neutron als die Bausteine der Kerne. Neben den fundamentalen Teilchen war das Vorhandensein von vier fundamentalen Wechselwirkungen oder Kräften in der Natur bekannt:

— Die starke Wechselwirkung, verantwortlich für die Bindung der Protonen und Neutronen im Kern,

— die elektromagnetische Wechselwirkung, verantwortlich für den Aufbau der Atome und Moleküle,
— die schwache Wechselwirkung, verantwortlich für die Erscheinung des radioaktiven Zerfalls, und
— die Gravitations-Wechselwirkung, der sämtliche Teilchen unterliegen, die aber im Vergleich zu den anderen Wechselwirkungen außerordentlich schwach ist.

Teilchen, zwischen denen starke Wechselwirkungen auftreten, nennt man Hadronen. Teilchen, die direkt keiner starken Wechselwirkung unterliegen, bezeichnet man als Leptonen. Das Schema der Elementarteilchen der dreißiger Jahre hatte damit folgendes Aussehen:

Leptonen	Hadronen
e^-, ν_e	p, n

Hinzu kommen die jeweiligen Antiteilchen, Positron und Antineutrino bei den Leptonen und Antiproton und Antineutron bei den Hadronen. Letztere wurden allerdings erst in den fünfziger Jahren experimentell nachgewiesen.

Diese vier Elementarteilchen und das Lichtquant, erwiesen sich als eine ausreichende Basis zur Beschreibung aller bekannten physikalischen Phänomene des Aufbaus der Materie. Der elementare Charakter dieser Teilchen wurde nun nicht mehr im Sinne von kleinsten Bausteinen verstanden, deren Existenz unveränderlich ist. Die Teilchenanzahl erwies sich in keinem der vier Wechselwirkungstypen als Erhaltungsgröße. Die anderen, bis dahin bekannten Erhaltungssätze (Energie, Impuls, Drehimpuls) und die mit ihnen verbundenen Symmetrien wurden weiterhin nicht in Frage gestellt. Die Elementarteilchen erschienen nun als bei der Wechselwirkung ineinander übergehende Träger von kleinstmöglichen Beträgen an Masse, Spin, elektricher Ladung und anderer noch zu besprechender unanschaulicher Quantenzahlen. Auf eine neue und überraschende Art fand man später, wie die Symmetrie einer Wechselwirkung und die mögliche Existenz eines Elementarteilchens einander bedingen.

Mitte der dreißiger Jahre postulierte Yukawa die Existenz eines Mesons, d.h. eines stark wechselwirkenden Teilchens mit einer Masse zwischen der des Elektrons und der des Protons, als Quant des Kernfeldes. In Analogie zum Photon, als dem Träger des elektromagnetischen Feldes, sollte dieses Meson der Träger der starken Wechselwirkung sein.

Bereits zum Ende der dreißiger Jahre wurde in der kosmischen Strahlung ein Teilchen entdeckt, dessen Masse der des Yukawa-Teilchens entsprach. Das Studium seiner Eigenschaften zeigte jedoch, daß es keiner starken Wechselwirkung unterliegt. Dieses Teilchen entspricht in allen seinen Eigenschaften, abgesehen von der größeren Masse, dem Elektron. Man bezeichnet dieses schwere Elektron als Muon (μ). Es besitzt eine Lebensdauer von etwa 10^{-6} sec und zerfällt in ein Elektron und Neutrinos $\mu^- \rightarrow e^- + \bar{\nu}_e + \nu_\mu$. Das zum Muon gehörige Neutrino ν_μ wurde Anfang der sechziger Jahre mit Hilfe eines der großen Beschleuniger entdeckt.

Das YUKAWA-Teilchen — das π-Meson — fanden POWELL und Mitarbeiter in der kosmischen Strahlung im Jahre 1947. Die zweite Hälfte der vierziger Jahre und der Anfang der fünfziger Jahre führten darüber hinaus zur Entdeckung zweier Gruppen neuer Teilchen mit erstaunlichen und unerwarteten Eigenschaften. Man entdeckte instabile Teilchen, deren Masse die der Nukleonen übersteigt. Diese als Hyperonen bezeichneten Teilchen zerfallen über schwache Wechselwirkungen in Protonen und π-Mesonen. Nukleonen und Hyperonen zusammen bezeichnet man als Baryonen. Man fand darüber hinaus schwere Mesonen — K-Mesonen —, die über schwache Wechselwirkungen in π-Mesonen bzw. in Muonen zerfallen. Das erstaunliche jedoch war, daß diese seltsamen Teilchen (strange particles) nur assoziiert in starken Wechselwirkungen erzeugt werden. Ein Beispiel eines typischen starken Erzeugungs- bzw. nachfolgenden schwachen Zerfallsprozesses ist:

$$\pi^+ + n \rightarrow \Lambda + K^+$$
$$K^+ \rightarrow \mu^+ + \nu_\mu$$
$$\Lambda \rightarrow p + \pi^- .$$

Führt man eine neue additive Quantenzahl, die Strangeness S, ein und ordnet dem Λ-Hyperon $S = -1$ und dem K^+-Meson $S = +1$ zu, so läßt sich der assoziierten Erzeugung der seltsamen Teilchen durch die Forderung der Strangeness-Erhaltung in starken Wechselwirkungen Rechnung tragen. Die Zerfallsprozesse zeigen, daß bei schwachen Wechselwirkungen $|\Delta S| = 1$ ist, da Nukleonen und π-Mesonen die Strangeness $S = 0$ besitzen.

2. Hadronen-Spektroskopie und Quark-Hypothese

Mit der Inbetriebnahme der ersten Beschleuniger, die es erlaubten, Protonen auf mehrere hundert MeV zu beschleunigen, gelang die Erzeugung genügend intensiver Strahlen geladener π-Mesonen. Anfang der fünfziger Jahre wurde beim Studium der elastischen $\pi^+ - p$-Streuung ein Resonanzmaximum entdeckt:

$$\pi^+ + p \rightarrow \Delta^{++}(1236) \rightarrow p + \pi^+ .$$

Dieses neue Teilchen oder besser gesagt dieser Zustand ist durch seine Quantenzahlen Spin J, Parität P und Isospin I eindeutig definiert. Für das Δ-Baryon mit einer Masse von $M = 1236$ MeV wurden die Quantenzahlen zu $J^P = 3/2^+$ und $I = 3/2$ ermittelt. Die aus der mittleren Breite des Resonanzmaximums sich ergebende mittlere Lebensdauer des Δ-Baryons entspricht der charakteristischen Kernzeit, d. h. der Δ-Zustand zerfällt über die starke Wechselwirkung.

Bis zum Anfang der sechziger Jahre wurden etwa 20 weitere Baryonen- aber auch Mesonen-Zustände entdeckt, die durch ihre Quantenzahlen eindeutig definiert waren und die über die starke Wechselwirkung zerfielen. Nimmt man die bereits erwähnten stabilen und die schwach zerfallenden Hadronen hinzu, so enthält eine Liste der Elementarteilchen des Jahres 1960 etwa 30 durch ihre Quantenzahlen bzw. ihre Massen voneinander zu unterscheidende Teilchen.

Dabei zeigte sich, daß Teilchen gleichen Spins und gleicher Parität in Familien — Multipletts — zusammengefaßt werden können. Jede Multiplett-Struktur läßt sich aber als Ausdruck einer inneren Symmetrie betrachten.

Eine seit dem Anfang der dreißiger Jahre bekannte Multiplett-Struktur ist die des Nukleonen-Dubletts. Proton und Neutron besitzen annähernd gleiche Massen. Daher liegt es nahe, beide als Zustände eines Teilchens, des Nukleons N, zu betrachten. Dem Nukleon ordnet man eine spinartige Quantenzahl, den Isospin I, zu. Die beiden Zustände des Nukleons — Proton und Neutron — lassen sich durch die dritte Komponente des Isospins I_3 unterscheiden (Proton $I_3 = +1/2$, Neutron $I_3 = -1/2$). In starken Wechselwirkungen erweist sich der Isospin als eine Erhaltungsgröße. Da aber die beiden Nukleonenzustände infolge ihrer elektrischen Ladung und ihres magnetischen Moments eine elektromagnetische Selbstwechselwirkung eingehen, so ist diese Isospinsymmetrie gebrochen. Erhalten bleibt die dritte Komponente I_3 und damit die elektrische Ladung. Die Symmetriebrechung hebt die Entartung des Nukleonen-Dubletts auf und führt zu einer Massenaufspaltung der Nukleonen.

Der Isospinformalismus entspricht mathematisch dem Spinformalismus. Beide basieren auf der Gruppe SU(2). Diese spezielle unitäre Gruppe ist definiert als Gruppe der unitären, unimodularen Transformationen in einem zweidimensionalen Vektorraum. Bekannt ist die Darstellung der SU(2)-Gruppe durch PAULI-Matrizen. Die irreduzible Darstellung kleinster Ordnung — die Fundamentaldarstellung — ist für die SU(2) zweidimensional. Der Rang der Gruppe SU(2) ist eins. Dem entspricht eine additive Quantenzahl, die dritte Komponente des Isospins I_3.

Anfang der sechziger Jahre schlugen GELL-MANN und NE'EMAN als Symmetrieschema der Hadronen die Unitäre Symmetrie vor, die mit der SU(3)-Gruppe verbunden ist. Sie wird definiert als die Gruppe der unitären, unimodularen Transformationen in einem dreidimensionalen komplexen Vektorraum und besitzt den Rang zwei. Dem entsprechen zwei additive Quantenzahlen, die dritte Komponente des Isospins I_3 und die Hyperladung Y. Letztere ist durch $Y = B + S$ gegeben. Dabei ist B die Baryonenzahl ($B = +1$ für alle Baryonen bzw. $B = -1$ für alle Antibaryonen und $B = 0$ für alle Mesonen) und S die bereits erwähnte Strangeness.

Der Unitären Symmetrie liegt die Beobachtung zugrunde, daß sich die Hadronen in größeren Multipletts zusammenfassen lassen. Abb. 1a zeigt als Beispiel ein Baryonenoktett, dessen Mitglieder Spin und Parität $J^P = 1/2^+$ besitzen. Die Abb. 1b und 1c zeigen als weitere Beispiele ein Baryonendekuplett mit $J^P = 3/2^+$ und ein Mesonenoktett mit $J^P = 0^-$.

Bis zum Jahre 1974 gelang die experimentelle Identifizierung einer großen Zahl weiterer Resonanzen, so daß ihre Zahl auf etwa 100 anstieg.

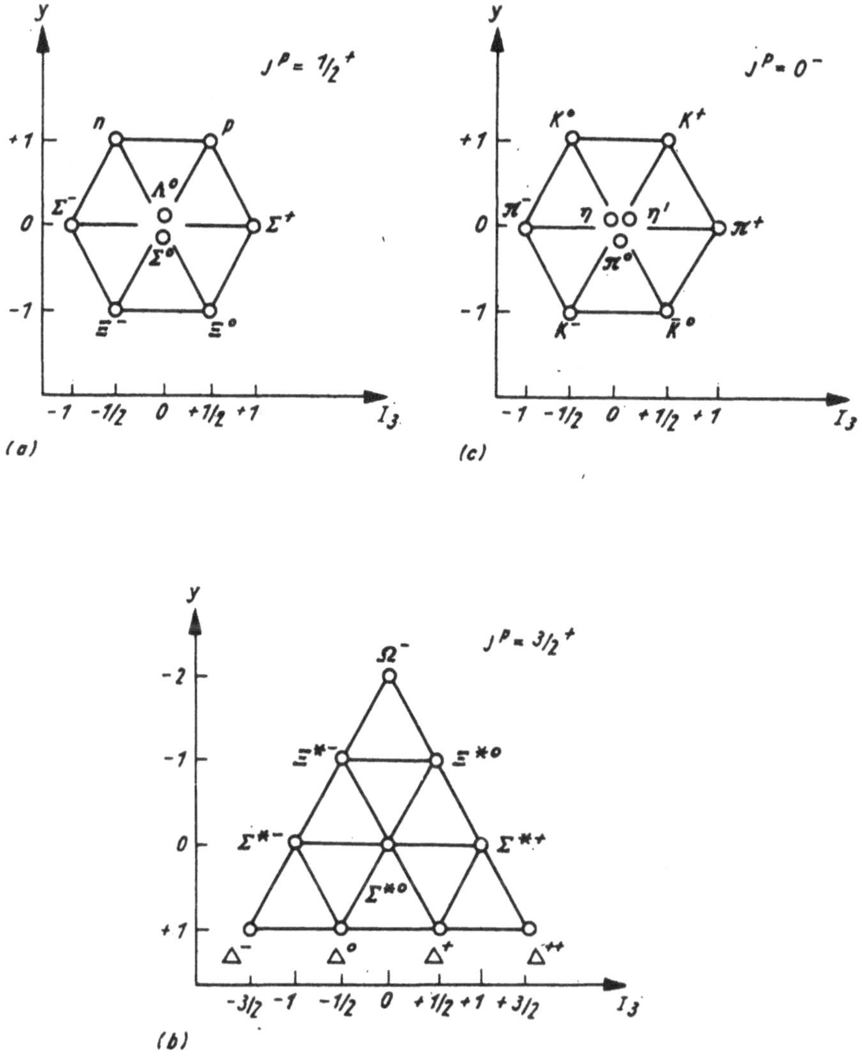

Abb. 1 Drei Beispiele von Hadronen-Multipletts; a) Das Baryonen-Oktett mit halbzahligem Spin und positiver Parität; b) Das Baryonen-Dekuplett mit Spin 3/2 und positiver Parität; c) Das Nonett der pseudoskalaren Mesonen

Allen Baryonen ließen sich Singuletts, Oktetts oder Dekupletts und allen Mesonen Oktetts (bzw. Nonetts) zuordnen. Baryonen und Antibaryonen bilden separate Multipletts, während in den Oktetts Mesonen und Antimesonen gemeinsam enthalten sind.

Die Verletzung der Unitären Symmetrie in starken Wechselwirkungen spiegelt sich in der starken Massenaufspaltung der Multipletts wider.

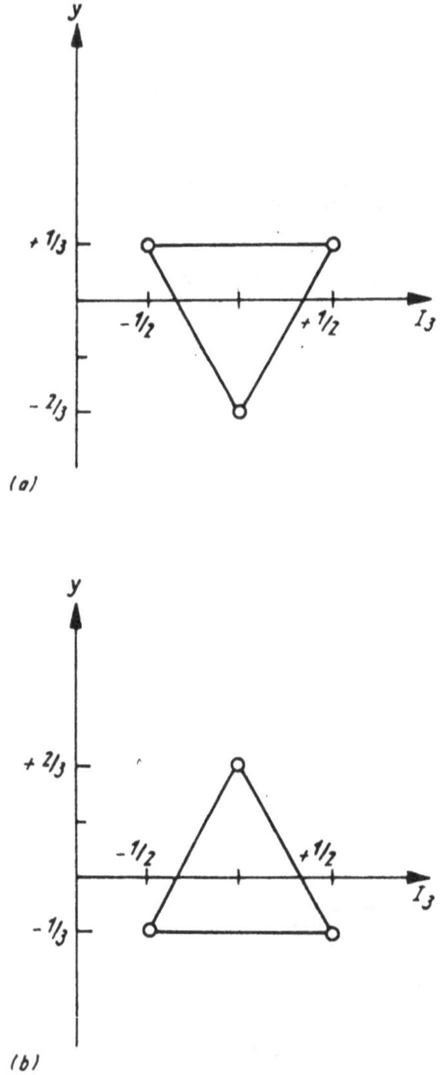

Abb. 2 Die beiden Fundamentaldarstellungen der SU(3)

Es existieren zwei nicht äquivalente Fundamentaldarstellungen der Gruppe SU(3). Sie sind von dritter Ordnung. Abb. 2 zeigt die $I_3 - Y$-Diagramme dieser beiden Fundamentaldarstellungen der SU(3), aus denen irreduzible Darstellungen höherer Ordnung dieser Gruppe konstruiert werden können.

Wollte man in Analogie zur SU(2) den Fundamentaldarstellungen der SU(3) Teilchen zuordnen, so müßten diese sogenannten Quarks wie aus Abb. 2 und der folgenden Tabelle ersichtlich sehr merkwürdige Eigenschaften besitzen.

Quark	Spin	Baryonen-zahl	Ladung	Isospin	Strangeness
q	s	B	Q	I_3	S
u	1/2	+1/3	+2/3	+1/2	0
d	1/2	+1/3	−1/3	−1/2	0
s	1/2	+1/3	−1/3	0	−1

Antiquarks $\bar{q}$ unterscheiden sich von den Quarks q dadurch, daß sich, abgesehen vom Spin, die Vorzeichen der in der Tabelle gegebenen Quantenzahlen umkehren.

Mitte der sechziger Jahre wurde die Quark-Hypothese zur Beschreibung der Multiplett-Strukturen formuliert: Jedes Hadron ist aus Quarks q aufgebaut. Mesonen bestehen aus einem Quark und einem Antiquark $q\bar{q}$. Baryonen bestehen aus drei Quarks qqq.

Die Vorstellung, daß letztlich die Materie sich auf wenige fundamentale Komponenten reduzieren läßt, stimulierte sicher die Quarkhypothese. Die mehr als 100 Hadronen konnten damit auf drei fundamentale Teilchen zurückgeführt werden. Welche experimentellen Beobachtungen in der Hadronenspektroskopie gibt es, die die Existenz der Quarks nahelegen?

Alle tatsächlich beobachteten Teilchen-Multipletts entsprechen $q\bar{q}$-Kombinationen bei den Mesonen und qqq-Kombinationen bei den Baryonen. Andererseits gestattet die SU(3) die Bildung von Multipletts (z.B. 27-Pletts), für die eine Deutung im Rahmen des einfachen Quark-Modells nicht möglich ist. Experimentelle Hinweise auf die Existenz höherer Multipletts im Rahmen der SU(3) wurden nicht gefunden.

Abb. 3 zeigt die gleichen drei Multipletts wie in Abb. 1, wobei für jedes Teilchen angegeben ist, aus welchen Quarks es besteht.

Ein Quarksystem kann wie ein zwei- bzw. dreiatomiges Molekül behandelt werden. Multipletts mit höheren Spins bzw. höheren Massen lassen sich aus Quarks aufbauen, zwischen denen der relative Bahndrehimpuls $L > 0$ ist. Neben quantenmechanischen Zuständen, die einer Rotationsanregung entsprechen, wurden auch Zustände beobachtet, die einer radialen Anregung der Quarks zuzuordnen sind. Rotations- und Radialanregungen der Quarksysteme entsprechen den Anregungen zwei- bzw. dreiatomiger Moleküle.

Dagegen wurde bisher kein Hinweis für die Existenz von Baryonen mit $S = +1$ gefunden. Solche exotischen Zustände widersprechen nicht der SU(3)-Klassifizierung. Im Quarkmodell würden sie jedoch den Aufbau eines Baryons aus $qqq\bar{q}q$ erfordern. Es läßt sich nicht ausschließen, daß insbesondere bei höheren Massen der Hadronen exotische Zustände auftreten.

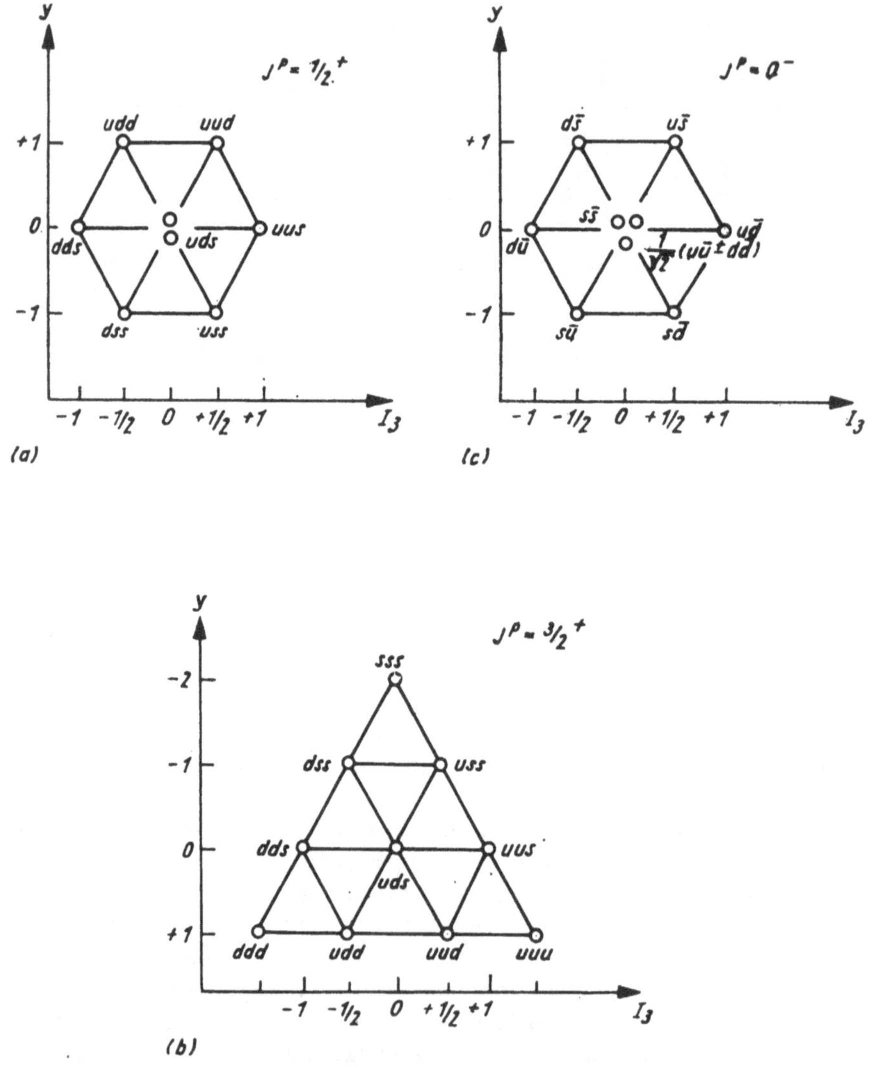

Abb. 3 Die Quarkstruktur der gleichen drei Hadronen-Multipletts wie in Abb. 1

In den letzten anderthalb Jahren fand man beim Studium der Reaktionen $\bar{p} + p \rightarrow \bar{p} + p$ und $p + p \rightarrow \pi^- + \pi^+$ mehrere enge Maxima im Verhalten der Wirkungsquerschnitte als Funktion der Energie. Enge Maxima in $\bar{p}p$- und $\bar{\Lambda}N$-Massenverteilungen wurden auch in $\pi + p$- bzw. $K + p$-Wechselwirkungen wie beispielsweise in der Reaktion

$$\pi^- + p \rightarrow p + \bar{p} + p + \pi^-$$

gefunden [1]. Wie Abb. 4 zeigt, ist in der effektiven Massenverteilung $M(\bar{p}p\pi^-)$ ein enges Maximum bei 2950 MeV zu erkennen.

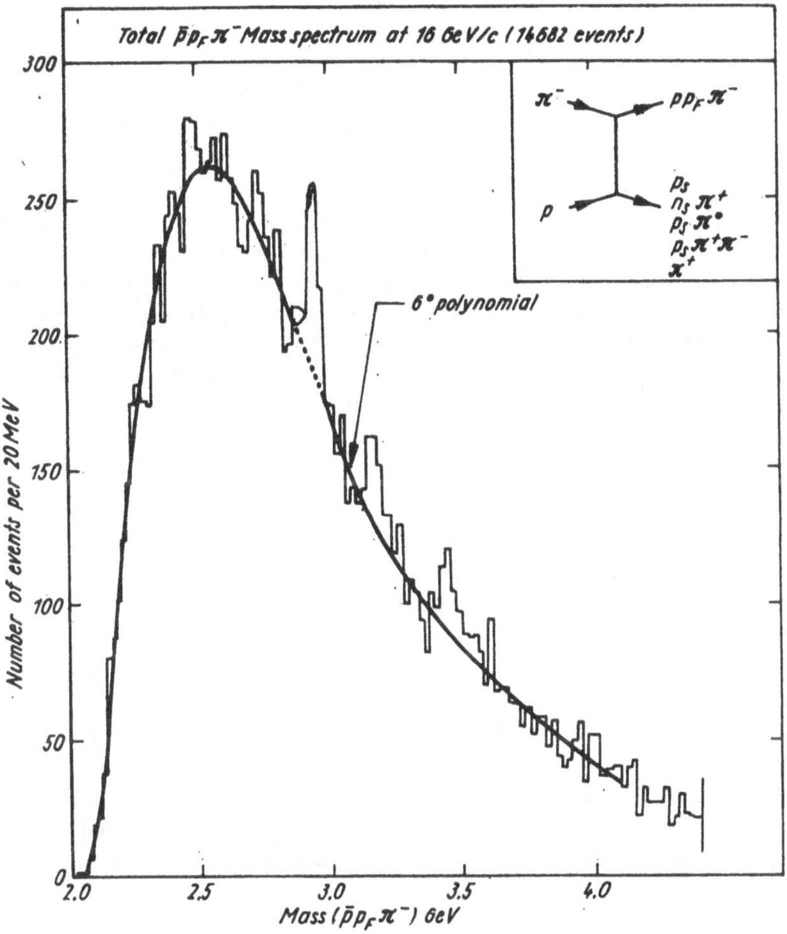

Abb. 4 Das effektive Massenspektrum $M(\bar{p}p\pi^-)$ der Reaktion $\pi^- + p \rightarrow p + \bar{p} + p + \pi^-$ mit einem engen Maximum bei $M = 2950$ MeV

Eine mögliche Interpretation der Beobachtungen ist es, die Maxima gebundenen $N\bar{N}$-Zuständen — Baryonium — zuzuordnen, welche anschließend in ein Baryon-Antibaryon-Paar mit oder ohne weitere Mesonen zerfallen. Solche Baryonium-Zustände könnten aus exotischen Quark-Konfigurationen $q\bar{q}q\bar{q}$ bestehen.

Der experimentelle Beweis des exotischen Charakters dieser Zustände wäre der Nachweis ihres Zerfalls in Endzustände mit dem Isospin $I = 2$. In Zusammenarbeit zwischen dem Vereinigten Institut für Kernforschung in Dubna und dem Institut für Hochenergiephysik der AdW der DDR wird ein Streamerkammerspektrometer (RISK) entwickelt. Die Anlage wird gegenwärtig am 70 GeV-Beschleuniger in Serpuchov in Betrieb genommen. Eines der ersten Experimente mit der Anlage RISK dient der Suche nach Baryonium-Zuständen mit $I = 2$.

Da die Quarks Spin 1/2 besitzen sollen, ist es naheliegend, sie als Fermionen zu betrachten, die dem Pauli-Prinzip gehorchen. Die totale Zustandsfunktion eines Hadrons muß also ungerade bei einer beliebigen Permutation aller Variablen der Quarks sein. Die Grundzustandswellenfunktion ist jedoch für die Baryonen gerade. Betrachten wir als Beispiel den $\Delta^{++}(1236)$-Zustand. Nach dem einfachen Quarkmodell soll er aus drei u-Quarks bestehen (siehe Abb. 3b). Der relative Bahndrehimpuls des $3u$-Systems ist $L = 0$. Für den Grundzustand ist aber der räumliche Teil der Wellenfunktion gerade. Spin und Isospin des $\Delta^{++}(1236)$ wurden experimentell zu $I = J = 3/2$ bestimmt. Daher sind auch die Spin- und Isospin-Anteile der Wellenfunktion gerade. Da auch die drei Quarks im Δ^{++} identisch sein müssen, erweist sich die totale Wellenfunktion des $\Delta^{++}(1236)$ als gerade.

$$|\Delta^{++}\rangle = |u_\uparrow u_\uparrow u_\uparrow\rangle = \text{gerade}.$$

Zur Rettung des Pauli-Prinzips wurde angenommen, daß eine bisher übersehene Entartung, d.h. eine verborgene Quantenzahl vorliegt. Zur Beschreibung dieser neuen Entartung führt man die Quantenzahl — Farbe (Color) — ein. Die Color-Hypothese läßt sich wie folgt formulieren: Jedes Quark kommt in drei verschiedenen Farben vor. Antiquarks tragen komplementäre Farben. Alle Hadronen sind Farb-Singuletts.

Daraus folgt, daß alle beobachteten Baryonen aus drei verschiedenfarbigen Quarks und alle Mesonen aus einem farbigen Quark und seinem farbkomplementären Antiquark bestehen. Für das gerade betrachtete Beispiel des $\Delta^{++}(1236)$ wird damit $|\Delta^{++}\rangle = |u_\uparrow(\text{rot})\, u_\uparrow(\text{blau})\, u_\uparrow(\text{grün})\rangle = \text{ungerade}$. Auf weitere experimentelle Hinweise für die Richtigkeit der Farb-Hypothese werden wir im folgenden eingehen.

3. Die neuen Teilchen

Bereits unmittelbar nach der Formulierung der Quark-Hypothese postulierten Bjorken und Glashow aus Symmetriegründen die Existenz eines vierten Quarks c. Symmetrisch zu den beiden experimentell nachgewiesenen Leptonenpaaren (ν_e, e^-) und (ν_μ, μ^-) sollten zwei Hadronenpaare (u, d) und (s, c) existieren.

Die Theorie der schwachen Wechselwirkung lieferte nach der Entdeckung der neutralen Ströme für den leptonischen Zerfall des langlebigen neutralen K-Mesons $K_L^0 \rightarrow \mu^+ + \mu^-$ eine Zerfallswahrscheinlichkeit, die um mehrere Zehnerpotenzen über dem experimentell beobachteten Wert lag. Um Theorie und Experiment in Einklang zu bringen, erweiterten Glashow, Iliopoulos und Maiani (1970) die SU(3)-Symmetrie der Hadronen zur SU(4)-Symmetrie.

Die fundamentale Darstellung der SU(4)-Gruppe ist ein Quartett. Zu den u-, d- und s-Quarks tritt als viertes Quark das Charm-Quark c hinzu. Mit ihm ist die Charm-Quantenzahl $C = 1$ verbunden. Ferner trägt es die Quantenzahlen $I = S = 0$, $B = 1/3$ und $Q = 2/3$.

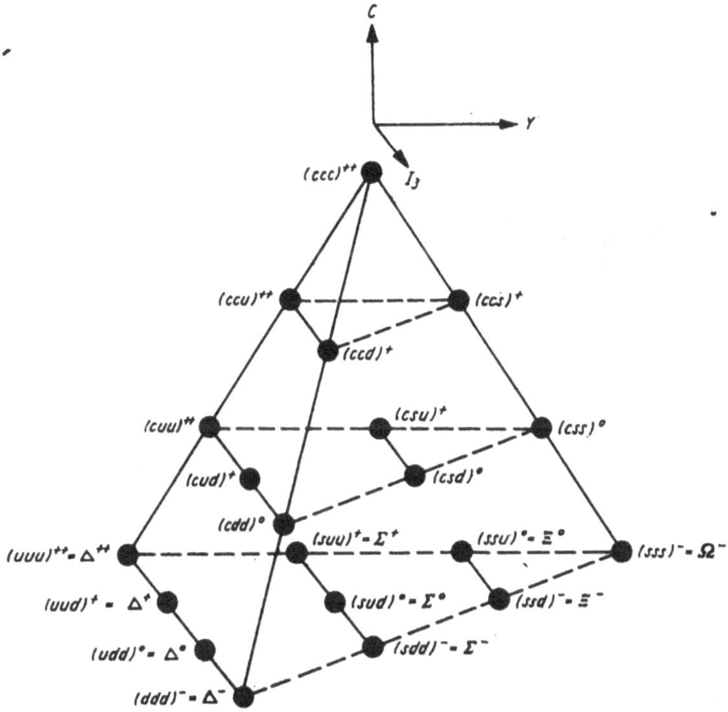

Abb. 5a Der Quarkinhalt des 20-Pletts der SU(4) für die Baryonen mit Spin 3/2 und positiver Parität

Mit der Erweiterung zur SU(4)-Symmetrie werden aus den Oktetts der SU(3) 15-Pletts bzw. aus den Dekupletts werden 20-Pletts. Die Abb. 5a und b zeigen diese neuen Multipletts wiederum am Beispiel der $J^P = 3/2^+$ Baryonen und der $J^P = 0^-$ Mesonen. Ersichtlich ist, daß der Übergang SU(3) $\rightarrow$ SU(4) eine große Zahl neuer Teilchen zur Folge haben muß.

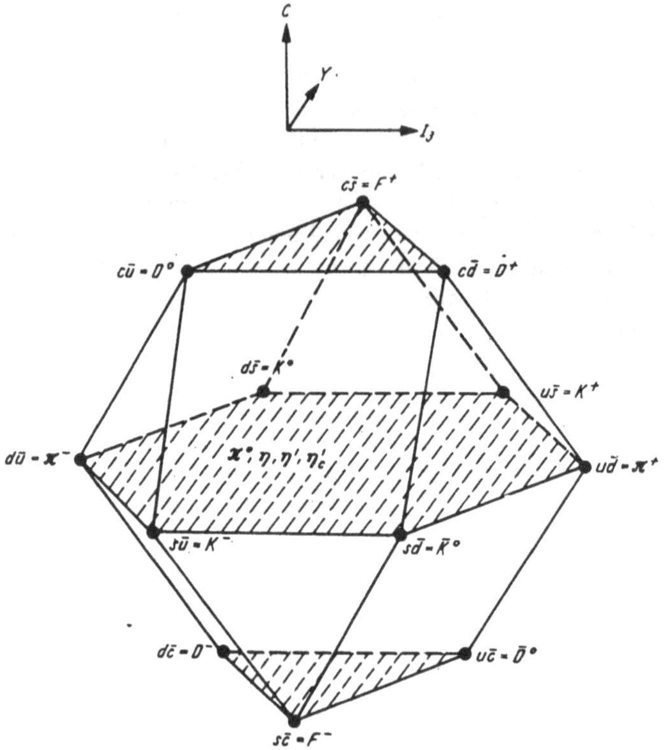

Abb. 5b Der Quarkinhalt des 15-Pletts der SU(4) für die pseudoskalaren Mesonen

Im November 1974 berichteten zwei experimentelle Gruppen unabhängig voneinander über die Entdeckung eines neuen Teilchens, das heute als $J/\psi(3100)$-Meson bezeichnet wird.

Am 28 GeV-Protonenbeschleuniger in Brookhaven beobachteten S. Ting und Mitarbeiter eine sehr enge Resonanz im Elektron-Positron-Massenspektrum beim Studium der Reaktion

$$p + \mathrm{Be} \rightarrow e^+ + e^- + \text{andere Teilchen}$$

mit Hilfe eines Doppelarm-Spektrometers (siehe Abb. 6).

B. Richter und seine Mitarbeiter benutzten in ihrem Experiment den Elektron-Positron-Speicherring in Stanford. Diese Anlage gestattet es, Elektronen- und Positronen-Strahlen mit Energien bis zu 2 · 4,2 GeV aufeinanderzuschießen. Die Wirkungsquerschnitte für die Reaktionen

$$\begin{aligned} e^+ + e^- &\to \text{Hadronen} \\ &\to \mu^+ + \mu^- \\ &\to e^+ + e^- \end{aligned}$$

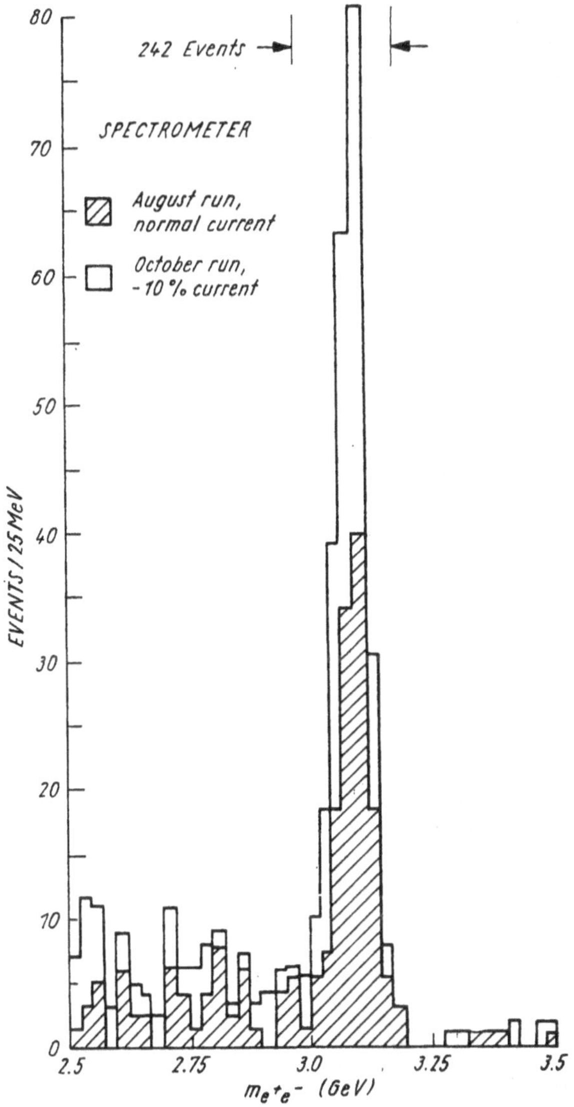

Abb. 6 Das effektive Massenspektrum der Elektronen und Positronen mit dem Maximum an der Stelle des J/ψ(3100)-Mesons

zeigen ein scharfes, genau definiertes Maximum (siehe Abb. 7). In Abb. 8 ist schematisch am Beispiel des hierbei verwendeten Detektors der Umfang experimenteller Anlagen in der modernen Teilchenphysik gezeigt.

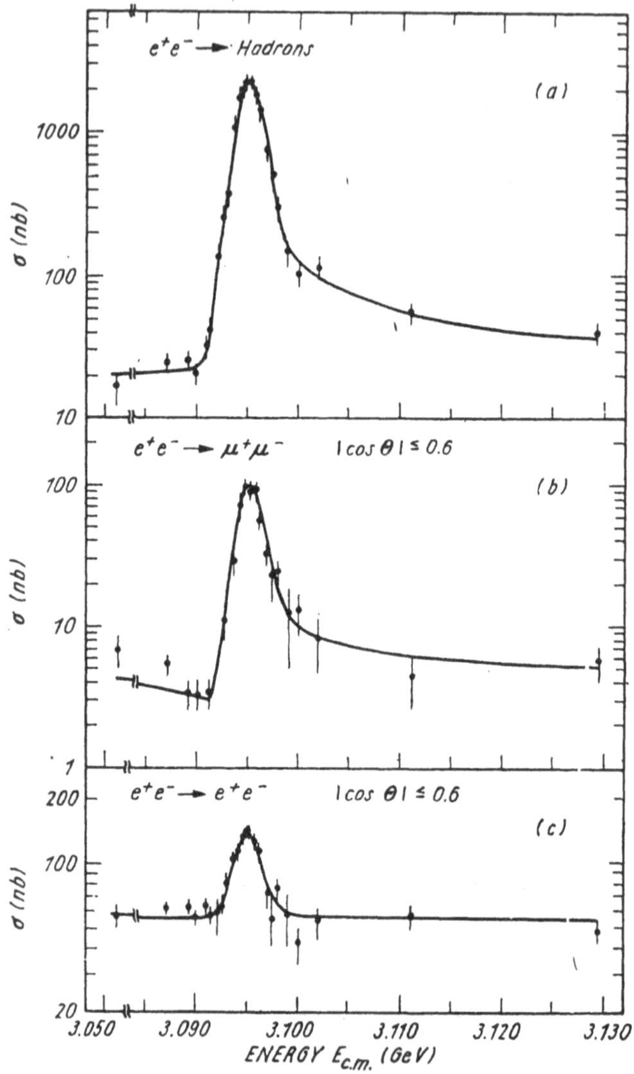

Abb. 7 Das $J/\psi(3100)$-Meson in den Massenspektren der Müonen-Paare, der Elektronen-Paare und der Hadronen

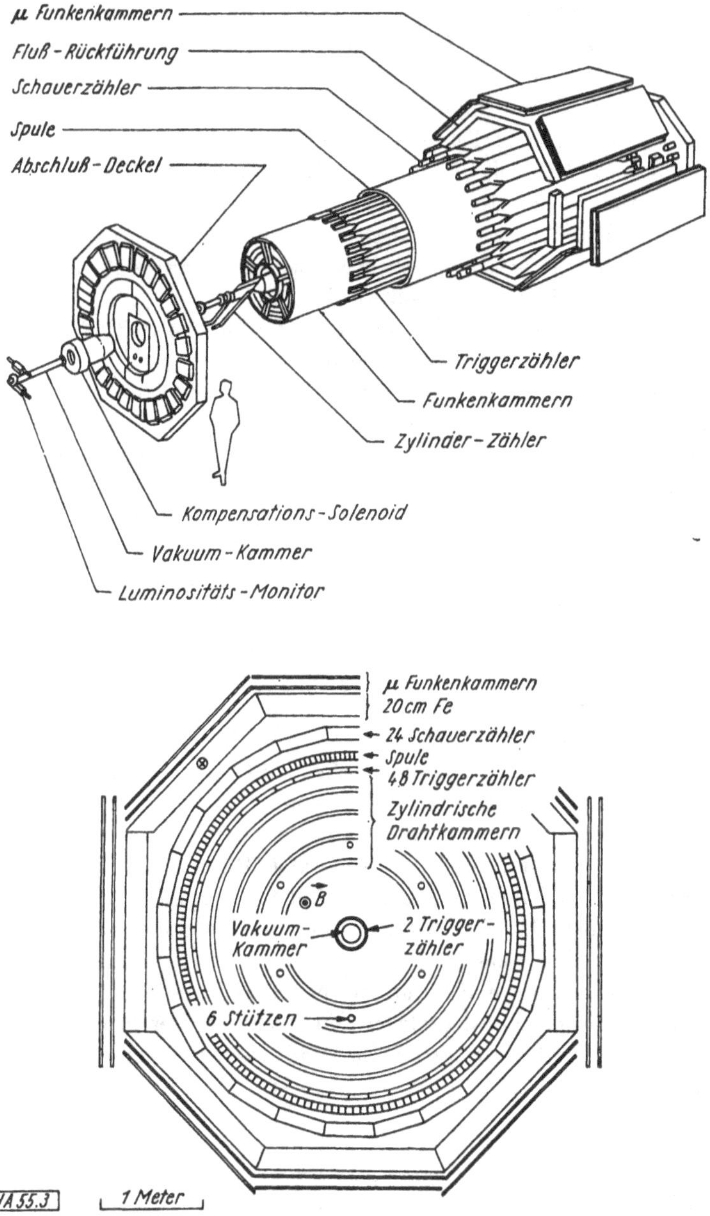

Abb. 8 Das Schema des Magnetspektrometers, an dem im SLAC in Stanford erstmals das J/ψ(3100) nachgewiesen wurde

Die Masse M und die totale Zerfallsbreite Γ des J/ψ-Mesons wurden experimentell zu $M = 3098$ MeV und $\Gamma = 67$ keV bestimmt. Für die über starke Wechselwirkungen zerfallenden bekannten Resonanzen ergaben die Messungen Werte von Γ in der Größenordnung von 10 bis 100 MeV. Beachtet man den Zusammenhang zwischen Zerfallsbreite Γ und mittlerer Lebensdauer τ einer Resonanz $\Gamma = \hbar/\tau$, so zeigt sich, daß das J/ψ-Meson etwa 1000mal langlebiger ist als die bekannten Resonanzen.

Kurze Zeit nach dem Nachweis des J/ψ entdeckten RICHTER und Mitarbeiter ein zweites Teilchen $\psi'(3685)$, dessen Masse zu $M = 3684$ MeV und dessen Zerfallsbreite zu $\Gamma = 228$ keV gemessen wurden.

Für beide Teilchen ergaben die Experimente die Quantenzahlen $J^P = 1^-$, den Isospin $I = 0$ und die Strangeness $S = 0$.

Zur Erklärung dieser Vektormesonen nimmt man die Existenz einer neuen Quantenzahl C — Charm — an, die das c-Quark charakterisiert. Diese neue additive Quantenzahl C bleibt bei starken und elektromagnetischen Wechselwirkungen erhalten.

Das $J/\psi(3100)$ wird als ein gebundener $(c\bar{c})$-Zustand und das $\psi'(3685)$ als eine Radialanregung dieses Zustandes gedeutet. In beiden als Charmonium bezeichneten Zuständen $(c\bar{c})$ sind die Spins der Quarks parallel ausgerichtet und der Bahndrehimpuls des $(c\bar{c})$-Systems beträgt $L = 0$. In Analogie zur Atomphysik bezeichnet man diese S-Zustände als Orthocharmonium.

Zur Erklärung der geringen Breite der neuen Teilchen, insbesondere gegenüber dem hadronischen Zerfall, muß man fordern, daß Mesonenzustände mit c-Quarks wie $c\bar{q}$ und $\bar{q}c$ so schwer sind, daß ihre doppelte Masse die der beiden neuen Vektormesonen J/ψ und ψ' übersteigt. Das heißt Zerfälle der Art $(c\bar{c}) \rightarrow (c\bar{q}) + (\bar{q}c)$ können nicht auftreten. Es sind also nur hadronische Zerfälle möglich, bei denen das $c\bar{c}$-Quarkpaar vernichtet wird. In der weit überwiegenden Mehrzahl aller bekannten hadronischen Resonanzzerfälle sind die Quarks des zerfallenden Teilchens in den Zerfallsteilchen enthalten. Die notwendige Zusatzhypothese lautet also: Hadronische Resonanzzerfälle mit $c\bar{c}$- (bzw. $s\bar{s}$)-Annihilation sind stark unterdrückt (OKUBO-ZWEIG-IIZUKA-Regel).

Die meisten Experimente zum Studium der neuen Teilchen wurden mit Hilfe von Elektron-Positron-Speicherringanlagen durchgeführt. Der Prozeß niedrigster Ordnung (proportional $\alpha^2 = (e^2/\hbar c)^2$) der Hadronenerzeugung ist die Ein-Photon-Annihilation:

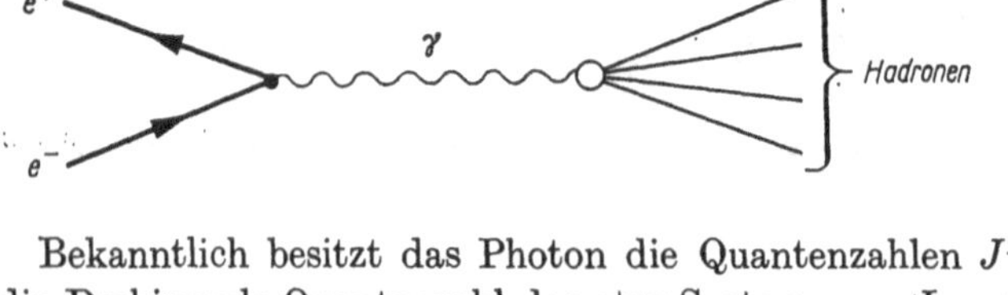

Bekanntlich besitzt das Photon die Quantenzahlen $J^P = 1^-$. Daher kann die Drehimpuls-Quantenzahl des e^+e^--Systems nur $L = 0$ oder 2 betragen, je nachdem, ob die Spins von e^+ und e^- antiparallel oder parallel gerichtet sind. Bezeichnet man mit R den Wechselwirkungsradius und mit E die Energie der beiden Leptonen, so ist $L \approx R \cdot E$ und der totale Wirkungsquerschnitt der Ein-Photon-Annihilation wird näherungsweise

$$\sigma_{tot} \approx \alpha^2 \pi R^2 \approx \frac{\alpha^2 \pi}{E^2}.$$

Eine der einfachsten quantenelektrodynamischen Reaktionen ist die Muon-Paar-Erzeugung:

$$e^+ + e^- \longrightarrow \mu^+ + \mu^-$$

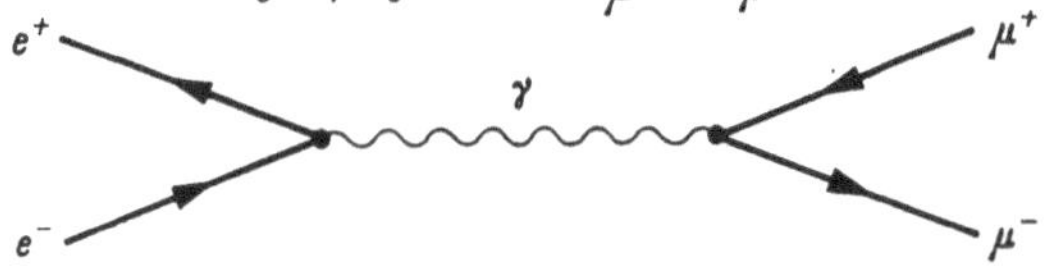

Der Wirkungsquerschnitt dieser Reaktion ist näherungsweise durch

$$\sigma(e^+e^- \to \mu^+\mu^-) \approx \frac{\pi}{3} \frac{\alpha^2}{E^2}$$

gegeben.

Die Einführung der Quark-Hypothese in den Prozeß der Ein-Photon-Annihilation führt zu der Annahme, daß die Photon-Hadron-Wechselwirkung hauptsächlich eine Photon-Quark-Wechselwirkung ist:

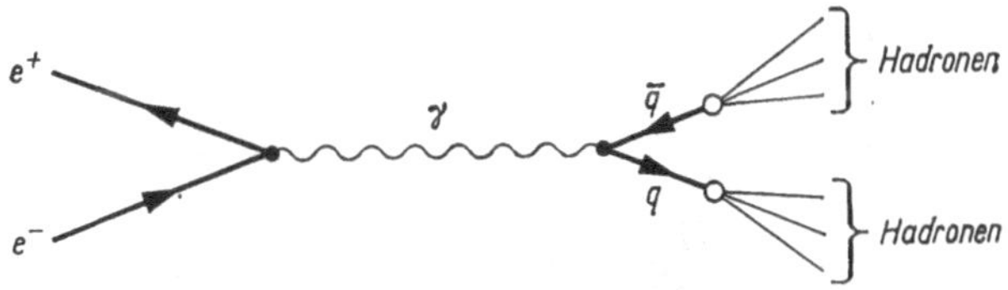

Nimmt man ferner an, daß die Quarks punktförmige Teilchen mit Spin 1/2 sind, so wird der Wirkungsquerschnitt für die Erzeugung eines freien $q\bar{q}$-Paares der gleiche wie für die Erzeugung eines $\mu^+\mu^-$-Paares. Lediglich die elektrische Ladung des Muons $Q = 1$ muß durch die Quark-Ladung Q_i ersetzt werden:

$$\sigma(e^+e^- \to q\bar{q}) = Q_i^2 \sigma(e^+e^- \to \mu^+\mu^-).$$

Nimmt man ferner an, daß das $q\bar{q}$-Paar mit der Wahrscheinlichkeit eins in Hadronen übergeht, so erhält man den totalen Wirkungsquerschnitt für Hadronenerzeugung durch Summation über alle möglichen $q\bar{q}$-Paare:

$$R = \frac{\sigma(e^+e^- \to \text{Hadronen})}{\sigma(e^+e^- \to \mu^+\mu^-)} = \sum_i Q_i^2.$$

Das heißt, das Verhältnis R beider Querschnitte soll konstant sein und je nach Art des verwendeten Quarkmodells eine Aussage über die Zahl der Quarks gestatten. In der nachfolgenden Tabelle sind die zu erwartenden R-Werte zusammengefaßt:

Quark-Modell	$R = \Sigma Q_i^2$
(u, d, s)	$\frac{4}{9} + \frac{1}{9} + \frac{1}{9} = \frac{2}{3}$
$(u, d, s) \otimes$ Farbe	$\frac{2}{3} \cdot 3 = 2$
(u, d, s, c)	$\frac{4}{9} + \frac{1}{9} + \frac{1}{9} + \frac{4}{9} = 1\frac{1}{9}$
$(u, d, s, c) \otimes$ Farbe	$1\frac{1}{9} \cdot 3 = 3\frac{1}{3}$

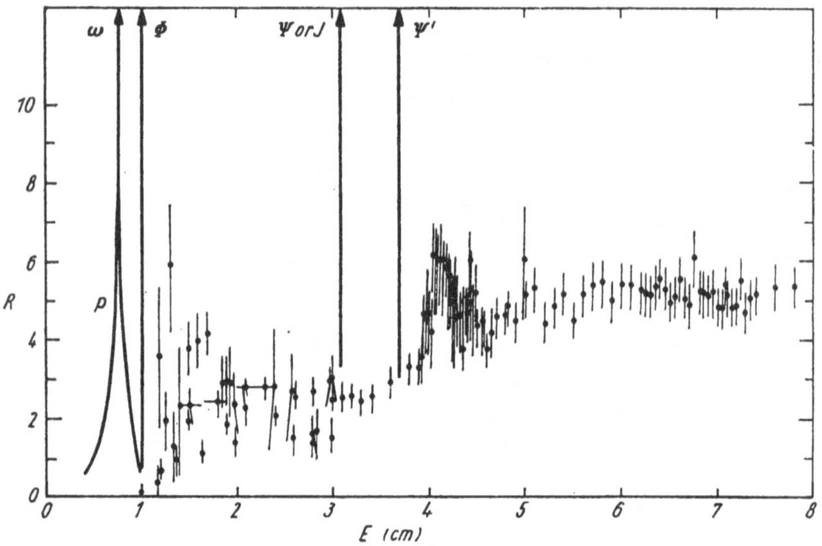

Abb. 9 Das Wirkungsquerschnittsverhältnis

$$R = \frac{\sigma(e^+ + e^- \to \text{Hadronen})}{\sigma(e^+ + e^- \to \mu^+\mu^-)}$$

als Funktion der Energie in GeV der Elektronen und Positronen im Schwerpunktsystem

Abb. 9 zeigt das experimentell ermittelte Verhalten von R als Funktion der Energie im Schwerpunktsystem. Vernachlässigt man die Strukturen zwischen 3,8 und 4,5 GeV, so zeigt R folgendes Verhalten: Zwischen $E = 2{,}4$ und 3,8 GeV ist R bis auf die beiden Resonanzen annähernd konstant mit $R \approx 2{,}5 \pm 0{,}3$. Zwischen $E = 4{,}5 \div 5$ GeV wächst R auf $4{,}5 \div 5$ und bleibt bei höheren Energien konstant. Schreibt man die Stufe bei $\sim$4 GeV im Verhalten von R der Erzeugung von c-Quarks zu, so befinden sich die Beobachtungen in Übereinstimmung mit dem Quark-Bild. Unterhalb der Schwelle wird für ein farbiges Quark-Triplett $R = 2$ erwartet. Nimmt man an, daß die Kräfte zwischen den Quarks durch Gluonen, d.h. durch neutrale masselose Vektorteilchen vermittelt werden, die die Farbe der Quarks verändern können, also eine Farbladung besitzen, so ergibt eine theoretische Abschätzung eine Gluon-Korrektur von R in der beobachteten Größenordnung.

Oberhalb der Charm-Schwelle wird ein Wert $R = 3^1/_3$ erwartet. Das liegt deutlich unterhalb von $R = 4{,}5 \div 5$. Berücksichtigt man jedoch eine Gluon-Korrektur von $\sim$20% und subtrahiert oberhalb von 4 GeV einen ΔR-Anteil entsprechend der Bildung eines schweren Leptons (siehe Kapitel 5.1), so befinden sich auch hier die Messungen in Übereinstimmung mit dem Modell farbiger Quarks.

Wie bereits erwähnt, ist mit dem Übergang vom Quark-Triplett (u, d, s) auf ein Quark-Quartett (u, d, s, c) ein ganzes Spektrum neuer Teilchen verbunden (siehe Abb. 5). Einige dieser neuen Teilchen müssen dem J/ψ bzw. dem ψ' ähnlich sein. Sie entsprechen weiteren Charmonium-Zuständen.

Die Kraft, die zwischen dem c- und dem $\bar{c}$-Quark wirkt, läßt sich in nicht relativistischer Näherung durch ein mit dem Abstand r stark ansteigendes attraktives Potential beschreiben. Dieser durch den Gluonen-Austausch vermittelten Kraft entspricht im Potential ein Term α_s/r, in dem α_s die Kopplungskonstante der starken Wechselwirkung der Gluonen an die Quarks bezeichnet. Da Quarks als freie Teilchen bisher nicht beobachtet wurden, führt man in das Potential einen weiteren Term $a \cdot r$ ein, dessen Stärke linear mit dem Abstand zwischen zwei Quarks wächst.

$$V(r) = -\frac{\alpha_s}{r} + ar.$$

Ein Potential dieses Typs führt zu folgendem Niveau-Schema (s. S. 22).

Jedes Niveau ist durch seine Quantenzahlen J^{PC} mit der Parität $P = (-1)^{L+1}$ und der Ladungskonjugation $C = (-1)^{L+S}$ charakterisiert. Für jeden Wert der Bahndrehimpulsquantenzahl L gibt es zwei Bänder radial angeregter Zustände mit entgegengesetzten C-Werten je nachdem, ob der Gesamtspin des Diquark-Systems $S = 0$ oder $S = 1$ ist. Unter jedem Band radial angeregter Zustände befindet sich die spektroskopische Bezeichnung ${}^{2S+1}L_J$. In diesem Bild entsprechen das J/ψ dem 1^3S_1- und das ψ' dem 2^3S_1-Niveau.

Die Existenz und die Quantenzahlen der Charmonium-Zustände sind Voraussagen des Modells. Ihre Massen hängen jedoch von der unbekannten Wechselwirkung zwischen den c-Quarks ab.

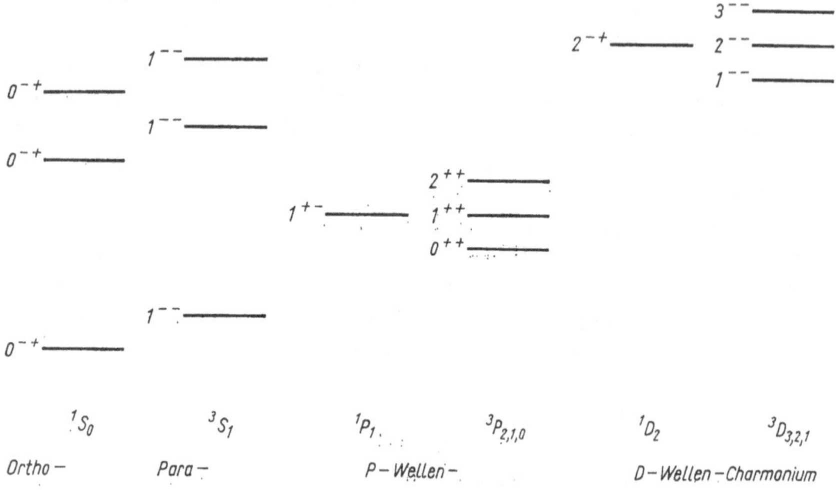

Bei der Erzeugung von Charmonium-Zuständen in e^+e^--Annihilationen müssen die Quantenzahlen des Photons $J^{PC} = 1^{--}$ erhalten bleiben. Daher lassen sich die Zustände des Paracharmoniums und des P-Wellen-Charmoniums nicht als Maxima in der R-Verteilung (Abb. 9) nachweisen. Diese Zustände kann man durch Strahlungsübergänge des J/ψ und des ψ' identifizieren.

Der große Fortschritt, den die experimentelle Charmonium-Spektroskopie in den letzten beiden Jahren gemacht hat, dokumentiert Abb. 10. Sicher identifizierte Zustände und Übergänge sind durch ausgezogene Linien gezeichnet. Trotz der noch offenen Probleme ist die bisherige experimentelle Verifizierung der Charmonium-Zustände eine starke Unterstützung der Hypothese von der Existenz eines vierten Quarks.

Außer den Charmonium-Zuständen, bei denen $C = 0$ ist, muß man neue Teilchen mit $C = \pm 1$ erwarten. Einige dieser Zustände, in denen das Hadron ein oder zwei c-Quarks enthält, findet man in Abb. 5.

In e^+e^--Annihilationsprozessen können Hadronen mit $C \neq 0$ nur paarweise erzeugt werden. Daher ist die kleinste Annihilationsenergie, bei der Teilchen mit Charm auftreten, gleich der doppelten Masse der leichtesten Charm-Teilchen. Aus dem R-Verhalten (Abb. 9) erkennt man, daß die Erzeugungsschwelle der

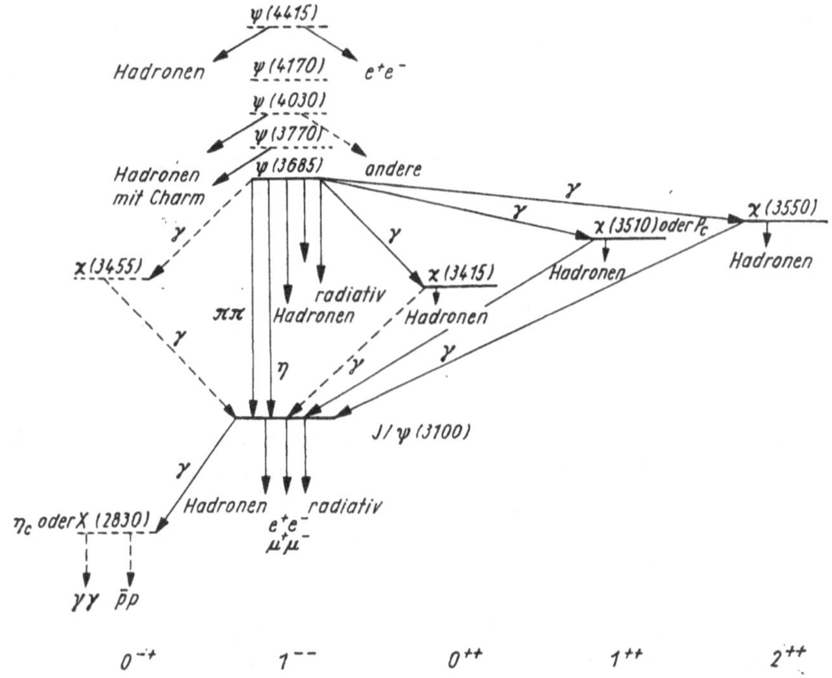

Abb. 10 Das Termschema der experimentell ermittelten Charmoniumzustände. Sicher identifizierte Zustände und Übergänge sind durch ausgezogene Linien gekennzeichnet

leichtesten Mesonen mit $C = 1$ bei etwa 3,8 GeV liegt. Wie man aus Abb. 5 sieht, sind die leichtesten pseudoskalaren Mesonen mit Charm:

$$D^+ = c\bar{d};\ D^0 = c\bar{u};\ F^+ = c\bar{s},$$

$$D^- = \bar{c}d;\ \bar{D}^0 = \bar{c}u;\ F^- = \bar{c}s.$$

Schwerere Mesonen zerfallen kaskadenartig durch starke und/oder elektromagnetische Wechselwirkungen in die niedrigsten Zustände, die folgende schwache Zerfälle besitzen können:

$$\begin{aligned} D \text{ (oder } F) &\to l + \nu_e \\ &\to l + \nu_e + \text{Hadronen} \\ &\to \text{Hadronen}. \end{aligned}$$

Dabei bezeichnet l ein Lepton. Die Theorie der schwachen Wechselwirkung sagt für den Zerfall von Mesonen mit Charm in Hadronen die Bevorzugung von Zerfallskanälen voraus, die ein K-Meson enthalten.

Als Beispiel eines der zu erwartenden schwachen Zerfallskanäle des D^+-Mesons sei nachfolgend der Prozeß $D^+ \to K^-\pi^+\pi^+$ skizziert:

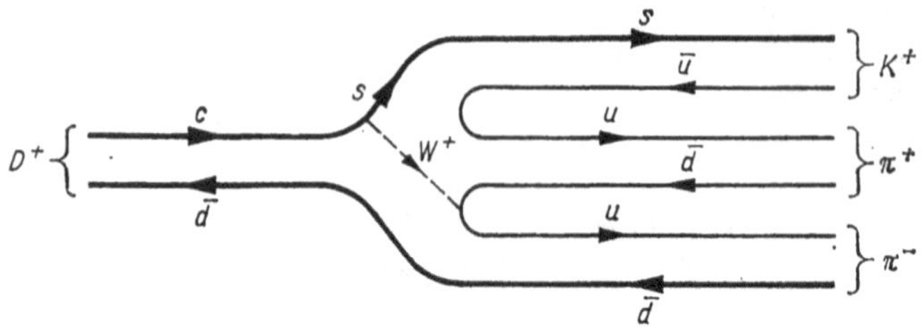

Das c-Quark emittiert ein intermediäres Vektorboson W^+, durch welches die schwache Wechselwirkung vermittelt wird und transformiert dabei in ein s-Quark. Das W^+-Boson zerfällt in ein u-Quark und ein $\bar{d}$-Quark. Das intermediäre Vektorboson entspricht dem γ-Quant der elektromagnetischen bzw. dem Gluon der starken Wechselwirkung.

An diesem Beispiel erkennt man, daß beim hadronischen schwachen Zerfall dieses Mesons die Charm-, Strangeness- und Isospin-Erhaltung entsprechend den Regeln der schwachen Wechselwirkung verletzt werden.

Die ersten überzeugenden experimentellen Hinweise auf die Existenz von D^0- und D^+-Mesonen wurden im vergangenen Jahr gefunden [2]. Am Elektronen-Speicherring in Stanford wurde dabei die in Abb. 8 gezeigte Apparatur benutzt. Die Masse des D^0-Mesons wurde zu (1865 ± 15) MeV und die Masse des D^+-Mesons zu (1876 ± 15) MeV bestimmt. Ferner wurden Hinweise auf D^{*0}- und $D^{*\pm}$-Zustände bei $M \approx 2010$ MeV gefunden.

Erste Untersuchungen zur Bestimmung des Spins ergaben, daß sich die Messungen nicht im Widerspruch mit einer Zuordnung von $J^P = 0^-$ für das D-Meson und einer Zuordnung von $J^P = 1^-$ für das D^*-Meson befinden [3].

Ein bedeutender experimenteller Fortschritt beim Studium der D-Zustände wurde in diesem Jahr durch neue Messungen mit dem Magnetdetektor (Abb. 8) in Stanford erreicht [4].

In Abb. 11 ist das Verhältnis R des totalen Wirkungsquerschnitts der Hadron-Erzeugung zum Wirkungsquerschnitt der Erzeugung von Muon-Paaren im Energiebereich zwischen 3,6 und 4,6 GeV gezeigt. Die Maxima in R liegen jeweils kurz oberhalb folgender Schwellen: $D\bar{D}$ bei 3727 MeV; $D\bar{D}^*$ bei 3869 MeV und $D^*\bar{D}^*$ bei 4012 MeV. Für das scharfe Maximum, das den Reaktionen $\psi''(3770) \to D^0\bar{D}^0$ und $\psi''(3770) \to D^+D^-$ entspricht, erhält man folgende Parameter: $M = (3772 \pm 2)$ MeV und $\Gamma = (28 \pm 5)$ MeV. Abb. 12 zeigt klare Resonanzsignale für verschiedene hadronische Zerfälle des D-Mesons. Die beobachteten Zerfälle der D^*-Zustände sind im Termschema der

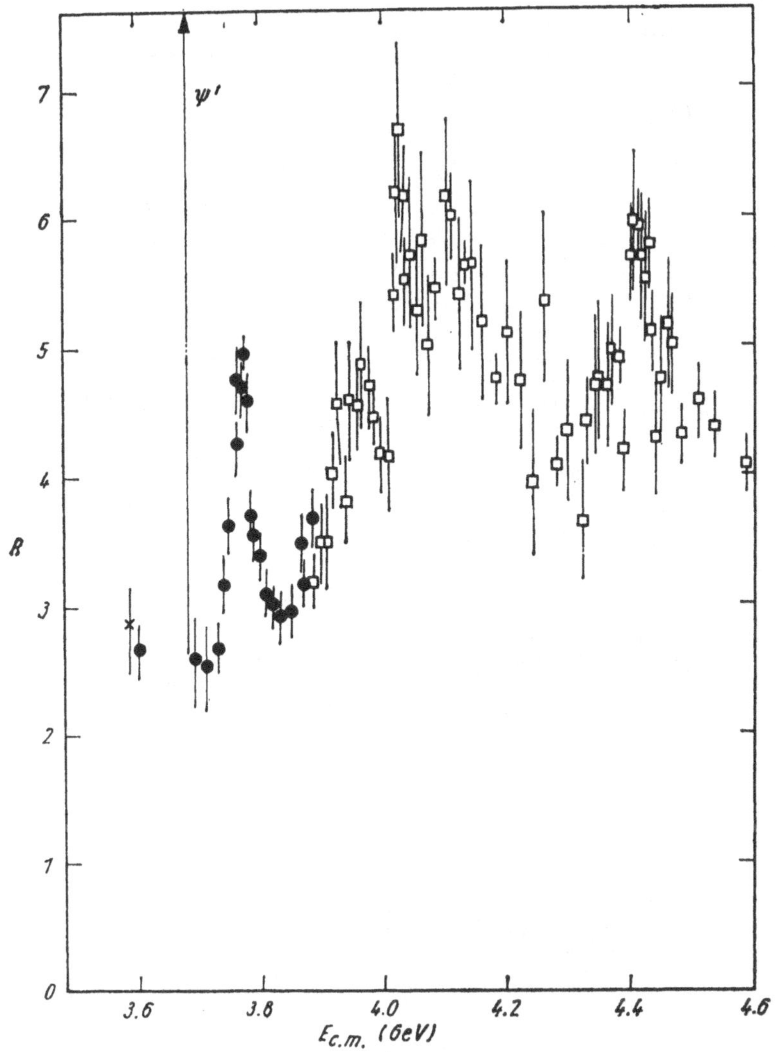

Abb. 11 Das Verhältnis R im Energiebereich der Elektron-Positron-Paare zwischen 3,6 und 4,6 GeV

Abb. 13 zusammengefaßt. Die Zahlen an den Übergängen sind die Q-Werte der betreffenden Reaktionen.

Die Massen bzw. die Massendifferenzen der experimentell nachgewiesenen Mesonen mit offenem Charm sind in der folgenden Tabelle zusammengestellt:

Teilchen	Masse [MeV]
D^0	$1863{,}3 \pm 0{,}9$
D^+	$1868{,}4 \pm 0{,}9$
D^{*0}	$2006 \pm 1{,}5$
D^{*+}	$2008{,}6 \pm 1{,}0$
	$\delta = M(D^+) - M(D^0) = 5{,}1 \pm 0{,}8$
	$\delta = M(D^{*+}) - M(D^{*0}) = 2{,}6 \pm 1{,}8$
F	2030 ± 60
F^*	2140 ± 60

[13]

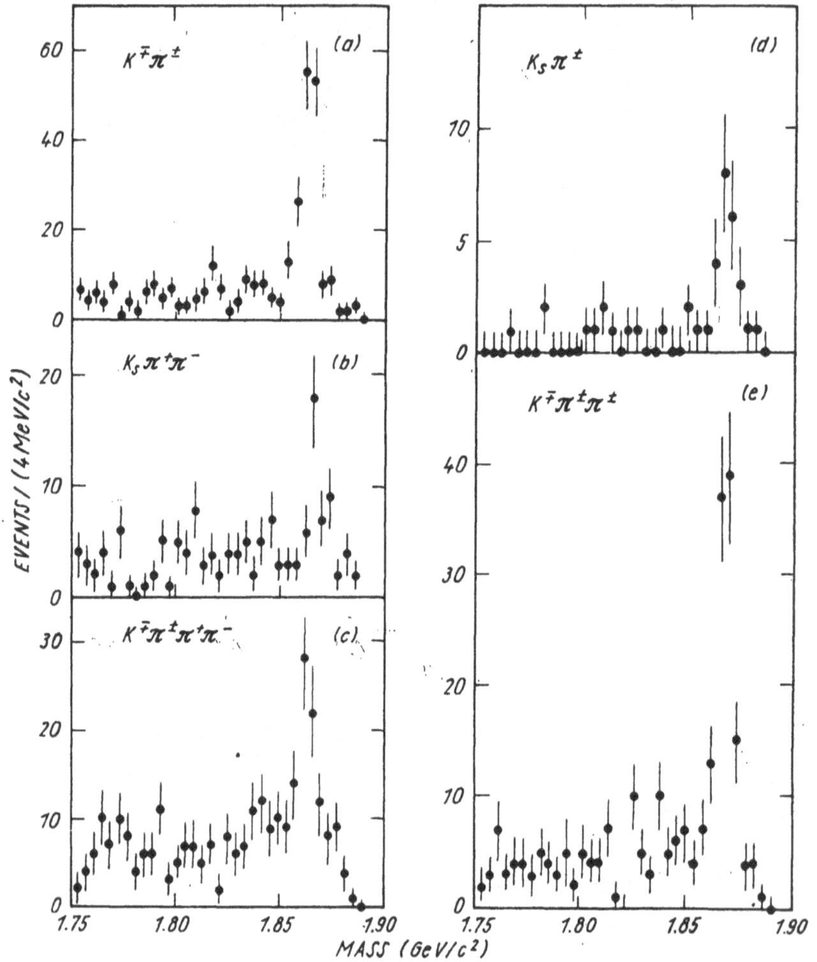

Abb. 12 Das Massenspektrum verschiedener hadronischer Zerfälle des D-Mesons

In die Tabelle wurden auch das F- bzw. F^*-Meson aufgenommen, deren Entdeckung über den $F \to \eta\pi$-Zerfall im Sommer dieses Jahres am Elektronenspeicherring in Hamburg gelang [5].

Nimmt man noch die kürzlich berichteten ersten experimentellen Hinweise auf die Existenz von Baryonen mit offenem Charm hinzu [6], so findet man eine ausgezeichnete Übereinstimmung zwischen den Modellvorstellungen mit vier Quarks als Basisteilchen der Hadronen und allen bisherigen experimentellen Beobachtungen in der Spektroskopie neuer Teilchen.

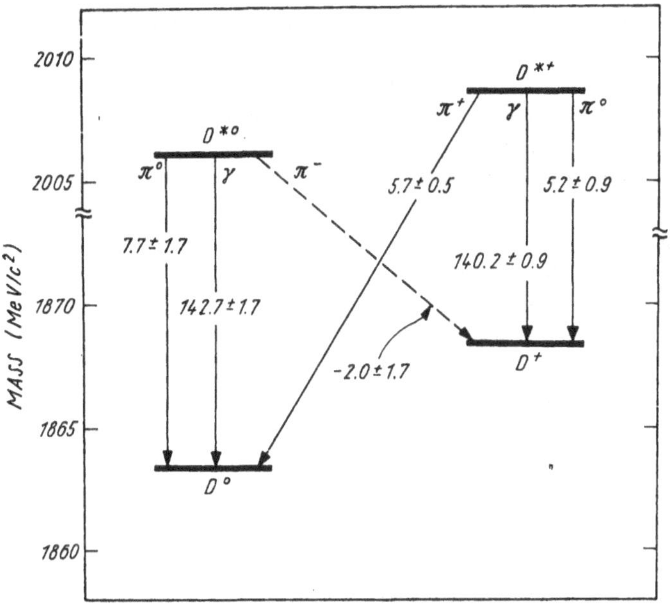

Abb. 13 Übergänge aus angeregten Zuständen von D-Mesonen. Die Zahlen an den Übergängen geben die Q-Werte für die betreffende Zerfallsreaktion an

4. Die tiefinelastische Lepton-Nukleon Streuung

Ende der sechziger Jahre begann am Elektronenbeschleuniger in Stanford eine Serie von Experimenten zum Studium der tiefinelastischen Streuung von Elektronen an Nukleonen. Dabei handelt es sich um hochenergetische Streuprozesse unter großem Streuwinkel der Form $e + N \to e +$ Hadronen, in denen die im Endzustand erzeugten Hadronen im einzelnen nicht vermessen werden (inklusive Reaktionen).

Das Ziel des Studiums der bei hohen Energien ablaufenden tiefinelastischen Lepton (e, μ, ν)-Hadron-Streuung besteht in der Aufklärung der Struktur der Hadronen.

Die Wechselwirkungsamplitude der inelastischen Lepton-Hadron-Streuung ist das Produkt von Lepton- und Hadron-Strom J (Lepton) · J (Hadron) und dem Propagator des ausgetauschten Feldquants. Leptonen lassen sich als punktförmige Teilchen betrachten, für die der Leptonen-Strom die einfache Form $\bar{l}\gamma_\mu l$ für die elektromagnetische Wechselwirkung und $\bar{l}\gamma_\mu(1 + \gamma_5)\, l$ für die schwache Wechselwirkung besitzt.

Der hadronische Strom J (Hadron) kann eine komplizierte Form besitzen. Nimmt man jedoch an, daß der Austauschprozeß zwischen Lepton und Hadron immer über ein virtuelles Vektorteilchen erfolgt, so läßt sich J (Hadron) durch zwei bzw. drei unabhängige, unbekannte Strukturfunktionen W_i, ($i = 1, 2, 3$) ausdrücken.

Aus der experimentellen Untersuchung der zwei bzw. drei Strukturfunktionen in Elektron-Müon- und Neutrino-Nukleon-Streuexperimenten konnte der Schluß gezogen werden, daß der hadronische Strom näherungsweise durch folgendes einfaches Modell beschreibbar ist:

Hadronen bestehen aus quasifreien, punktartigen Bausteinen — den Partonen, die den Spin 1/2 besitzen.

Macht man die naheliegende Annahme, daß die Partonen mit den Quarks identisch sind, so erhält man aus dem Studium der tiefinelastischen Lepton-Nukleon-Streuung zusätzlich Aussagen über die Impulsverteilungen der Quarks.

Im folgenden werden die Elektron-, Müon- und Neutrino-Nukleon-Streuprozesse unter besonderer Beachtung der neuen experimentellen Resultate betrachtet.

4.1. Die tiefinelastische Elektron- und Müon-Nukleon-Streuung

Dieser Prozeß läßt sich durch folgenden Graphen beschreiben:

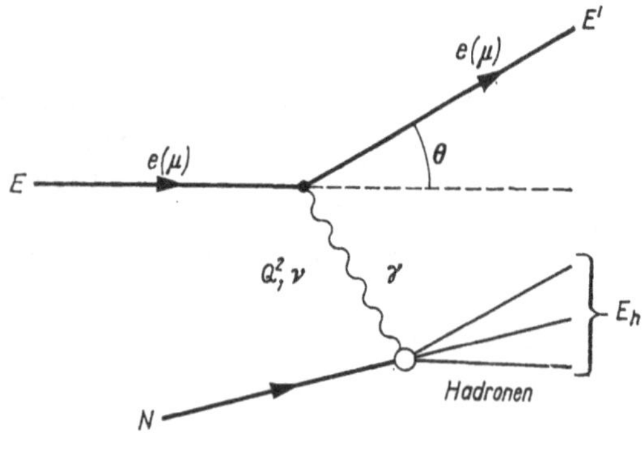

Dabei sind M die Masse des Nukleons, $\nu = E - E'$ die Energie des virtuellen Photons und Q^2 das Quadrat des übertragenen Viererimpulses $Q^2 = 2EE'$ $(1 - \text{os}\,\theta)$, wenn θ der Streuwinkel des Leptons im Laborsystem und E bzw. E' die Energie des Leptons vor bzw. nach dem Stoß sind.

Mittelt man über die verschiedenen Spinzustände, so erhält man für den Wirkungsquerschnitt der inelastischen Elektron-(Müon)-Streuung die Beziehung

$$\frac{d^2\sigma}{dQ^2\,d\nu} = \frac{4\pi\alpha^2}{Q^4}\,\frac{E'}{ME}\left[W_2(Q^2,\nu)\cos^2\frac{\theta}{2} + 2W_1(Q^2,\nu)\sin^2\frac{\theta}{2}\right]. \qquad (1)$$

Für die betrachteten inklusiven Prozesse hängen die beiden Strukturfunktionen W_1 und W_2 von den unabhängigen Variablen Q^2 und ν ab. An Stelle dieser Variablen ist es auch üblich, die dimensionslosen Variablen $x = Q^2/2M\nu$ und $y = \nu/E$ zu verwenden.

Im Jahre 1969 wurde von BJORKEN die Scaling-Hypothese aufgestellt: Für Q^2, $\nu \to \infty$, mit x endlich sollen die Strukturenfunktionen allein Funktionen von x sein, d.h.

$$\left.\begin{aligned} \frac{\nu}{M}\,W_2(Q^2,\nu) &\to F_2(x) \\ W_1(Q^2,\nu) &\to F_1(x) \end{aligned}\right\} \quad \text{für} \quad Q^2, \nu \to \infty.$$

Experimentelle Hinweise auf ein Scalingverhalten der Strukturfunktionen wurden bereits in den ersten Untersuchungen gefunden, bei denen Q^2 zwischen 1 und 15 GeV^2/c^2 und ν bis zu Werten von 20 GeV variierten.

Setzt man diese dimensionslosen Strukturfunktionen in (1) ein und berücksichtigt, daß $E \gg M$, so erhält man:

$$\frac{d^2\sigma}{dQ^2\,dx} = \frac{4\pi\alpha^2}{Q^4}\left[\frac{F_2(x)}{x}(1-y) + y^2F_1(x)\right]$$

bzw. (2)

$$E\,\frac{d^2\sigma}{dx\,dy} = \frac{4\pi\alpha^2}{2Mx^2y^2}\left[F_2(x)\,(1-y) + xy^2F_1(x)\right].$$

Dieses Querschnittsverhalten läßt sich durch die Annahme interpretieren, daß die Leptonen an quasifreien Partonen elastisch gestreut werden, deren Transversalimpulse klein gegenüber den longitudinalen Impulskomponenten sind. In diesem naiven Parton-Modell ergibt sich der Wirkungsquerschnitt der tiefinelastischen Streuung (2) durch die inkohärente Summation der elastischen Einzelquerschnitte der hochenergetischen Lepton-Parton-Streuungen.

Im Grenzfall verschwindender Streuwinkel, d.h. $y \to 0$ verschwindet der zweite Term in (2) und es ergibt sich

$$\frac{d\sigma}{dQ^2} = \frac{4\pi\alpha^2}{Q^2}\int\frac{F_2(x)}{x}\,dx. \qquad (3)$$

Das ist aber identisch mit der RUTHERFORDschen Streuformel für die Streuung punktförmiger Teilchen, wobei das Integral in (3) die Summe der Ladungsquadrate der Partonen darstellt:

$$\int \frac{F_2(x)}{x} dx = \sum_i Q_i^2. \tag{4}$$

Vergleicht man die Streuformel (1) mit dem DIRACschen Wirkungsquerschnitt der elastischen Streuung eines Elektrons an einem punktförmigen Teilchen mit der Masse m und dem Spin 1/2 (bzw. $g = 2$) und geht zum Scalinglimes über, so erhält man eine weitere Beziehung (CALLAN-GROSS-Beziehung) zwischen den Strukturfunktionen:

$$2xF_1(x) = F_2(x). \tag{5}$$

Im naiven Parton-Modell ist die Variable x gerade der Bruchteil des Gesamtimpulses des schnellbewegten Nukleons, den das $i$te Parton trägt.

Die naheliegende Identifizierung der Spin 1/2 Partonen mit den Quarks der Hadronenspektroskopie wurde bereits erwähnt. In der Spektroskopie betrachtet man das Nukleon als System aus drei Quarks. Dieses naive Bild wurde bei der tiefinelastischen Streuung etwas erweitert. Man betrachtet das Nukleon aufgebaut aus drei Valenzquarks und einer unbegrenzten Anzahl — einem See — von Quark-Antiquark-Paaren.

Vergleichen wir nun die experimentellen Resultate, die bei den Untersuchungen der Streuung geladener Leptonen an Protonen gewonnen wurden, mit den vorstehend geschilderten Modellvorstellungen.

Das Scaling-Verhalten der Strukturfunktionen wurde in Elektron-Proton- [7] und bei höheren Energien in Müon-Proton-Streuungen [8] untersucht. Die Strukturfunktion F_2 ist in Abb. 14 als Funktion von Q^2 für verschiedene x-Werte gezeigt. Die durch Punkte charakterisierten Meßwerte gehen auf Messungen der Elektron-Proton-Streuung zurück. Die Dreiecke bzw. die Quadrate charakterisieren die der Müon-Proton-Streuung entnommenen Meßwerte. Bei exaktem Scaling-Verhalten müßten alle Meßwerte auf horizontalen Linien liegen. Man erkennt einen Hinweis auf einen schwachen Anstieg der Meßwerte bei kleinem x und einen klaren Abfall bei großem x, wenn Q^2 ansteigt. Ein ähnliches Verhalten ist für die Strukturfunktion F_1 zu beobachten.

Die experimentellen Resultate der Scaling-Verletzung bei großen x-Werten zeigen, daß das naive Quark-Parton-Modell nur näherungsweise gültig sein kann. Die Änderung der Strukturfunktion als Funktion von x für verschiedene Q^2-Bereiche läßt sich interpretieren als wachsender Antiquark-Anteil aus dem $q\bar{q}$-See bei kleinen x-Werten und wachsendem Q^2, während der Beitrag der Valenzquarks (große x-Werte) abnimmt.

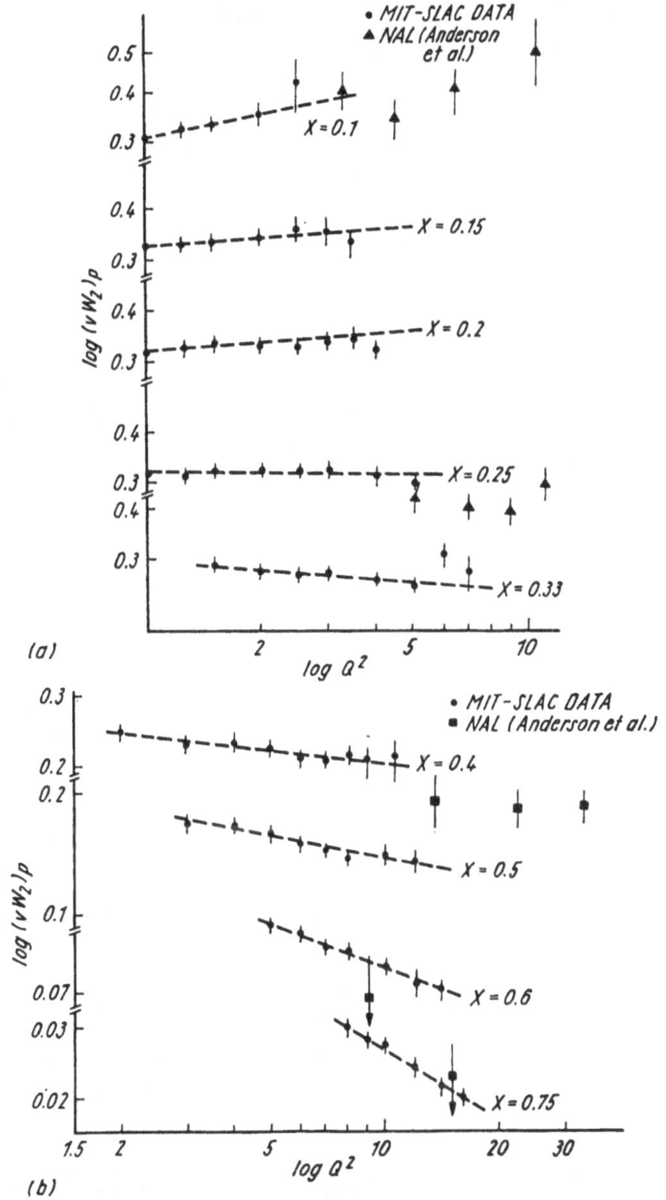

Abb. 14 Darstellung der Strukturfunktion F_2 als Funktion von Q^2 für verschiedene x-Werte. Punkte charakterisieren die Meßwerte der Elektron-Proton-Streuung, Dreiecke bzw. Quadrate charakterisieren die Meßwerte der Müon-Proton-Streuung

Der experimentelle Test der CALLAN-GROSS-Beziehung (5) ist für Werte von $Q^2 = 1 \div 16$ GeV^2/c^2 in Abb. 15 gezeigt. Man erkennt eine Erfüllung der Beziehung innerhalb von $10 \div 20\%$.

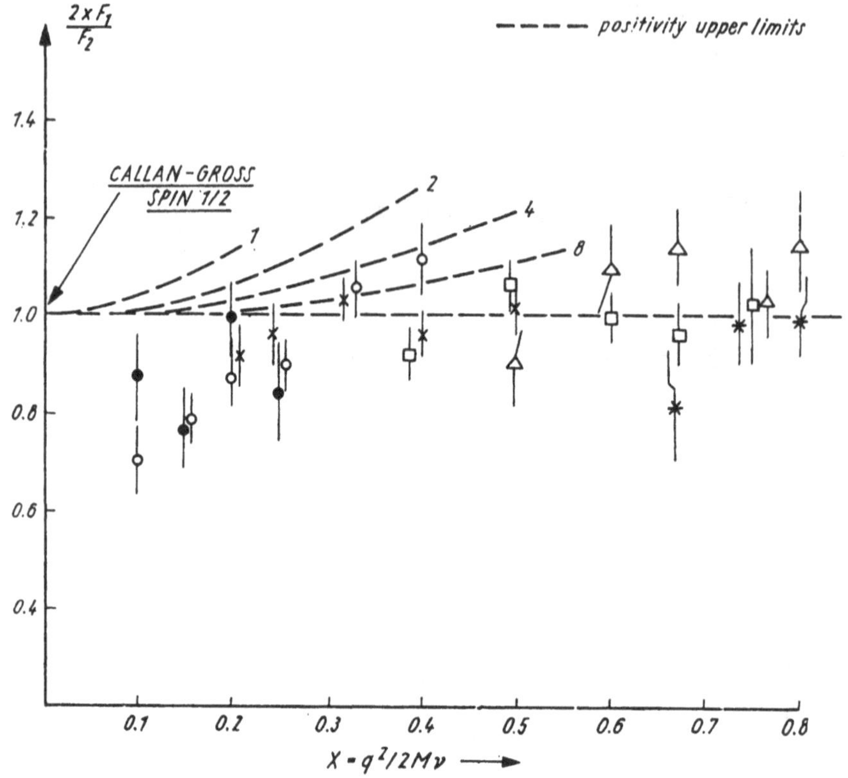

Abb. 15 Test der CALLAN-GROSS-Beziehung für Q^2-Werte von 1—16 GeV^2/c^2 als Funktion von x

4.2. *Die tiefinelastische Neutrino-Nukleon-Streuung*

Für die inklusive Streuung $\nu_\mu + N \to \mu$ + Hadronen erhält man in Analogie zu (2) im Grenzfall des Scaling-Verhaltens für den differentiellen Wirkungsquerschnitt den Ausdruck

$$\frac{d^2\sigma_{\nu,\bar{\nu}}}{dx\,dy} = \frac{G^2ME}{\pi}\left[(1-y)\,F_2(x) + xy^2F_1(x) \pm \left(y - \frac{y^2}{2}\right) \times F_3(x)\right]. \quad (6)$$

Hierin bezeichnet G die Kopplungskonstante der schwachen Wechselwirkung und F_1, F_2 und F_3 die Strukturfunktionen. F_3 ist ein paritätsverletzender Interferenzterm mit entgegengesetzten Vorzeichen für Neutrino und Antineutrino-Streuung.

Aus Gl. (6) erkennt man, daß als wichtigste Konsequenz des Scaling-Verhaltens die Wirkungsquerschnitte proportional mit der Energie E der Neutrinos (Antineutrinos) wachsen sollen.

Durch Integration des differentiellen Wirkungsquerschnitts erhält man:

$$\sigma_{\nu,\bar{\nu}} = \frac{G^2 M E}{6\pi} \int F_2(x)\, dx [3 + A \pm 2B]$$

mit

$$A = \frac{\int 2x F_1(x)\, dx}{\int F_2(x)\, dx}; \qquad B = \frac{\int x F_3(x)\, dx}{\int F_2(x)\, dx} \tag{7}$$

und

$$R = \frac{\sigma_{\bar{\nu}}}{\sigma_\nu} = \frac{3 + A - 2B}{3 + A + 2B}.$$

Aus den Messungen von σ_ν und $\sigma_{\bar{\nu}}$ lassen sich $\sigma_\nu + \sigma_{\bar{\nu}}$, $\sigma_\nu - \sigma_{\bar{\nu}}$ und R bestimmen. Daraus ergeben sich die Werte für A, B und $\int F_2(x)\, dx$.

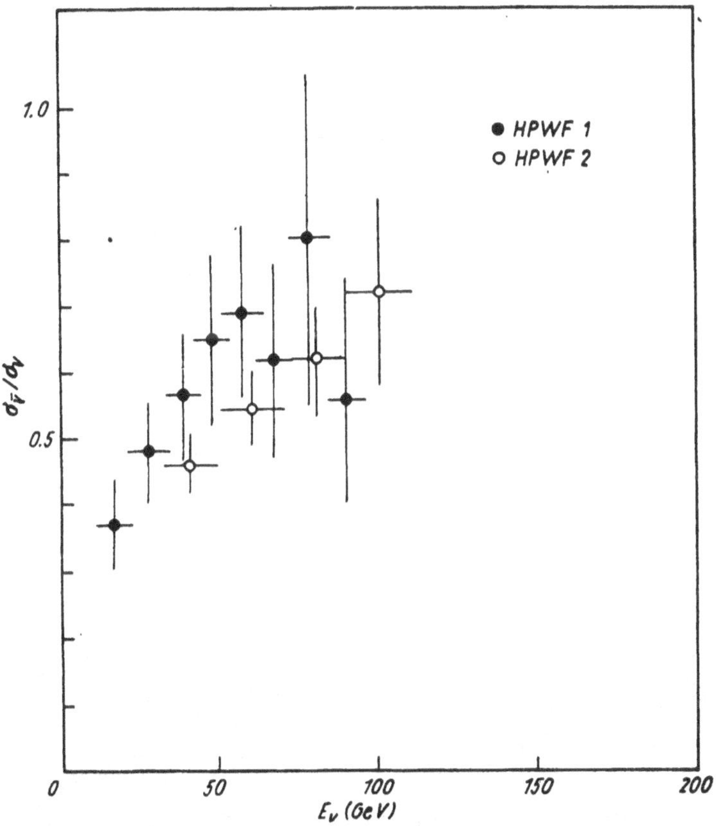

Abb. 16 Das Wirkungsquerschnittsverhältnis $\sigma_{\bar{\nu}}/\sigma_\nu$ als Funktion der Neutrinoenergie [10]

Die ersten Messungen der totalen Wirkungsquerschnitte σ_ν und $\sigma_{\bar{\nu}}$ wurden in einer großen Blasenkammer bei Energien $E \leq 15$ GeV durchgeführt (1973) [9]. Die Resultate befanden sich in Übereinstimmung mit der Scaling-Hypothese. Im vergangenen Jahr wurden die in Abb. 16 gezeigten Resultate eines ν-Experimentes mit einem elektronischen Kalorimetersystem am 500 GeV-Beschleuniger des Fermi-Laboratoriums bekannt [10]. Diese Daten deuten auf eine starke Scaling-Verletzung mit wachsender Energie hin. In diesem Jahr gaben drei weitere experimentelle Gruppen ihre vorläufigen Resultate der Messungen bis zu Energien von $E \approx 200$ GeV bekannt [11, 12, 13]. Das am 400 GeV-Beschleuniger des CERN durchgeführte Blasenkammerexperiment [11] enthält einen Hinweis auf eine Scaling-Verletzung (siehe Abb. 17). Die beiden anderen Experimente sind, wie in den Abb. 18 und 19 gezeigt, innerhalb der Fehlergrenzen in Übereinstimmung mit der Scaling-Hypothese. In Abb. 19 sind zum Vergleich die bereits in Abb. 16 gezeigten Daten eingetragen. Die Zahl der vermessenen Ereignisse in dem neuen Zählerexperiment am CERN-Beschleuniger [13] übersteigt etwa um eine Größenordnung die der anderen Experimente.

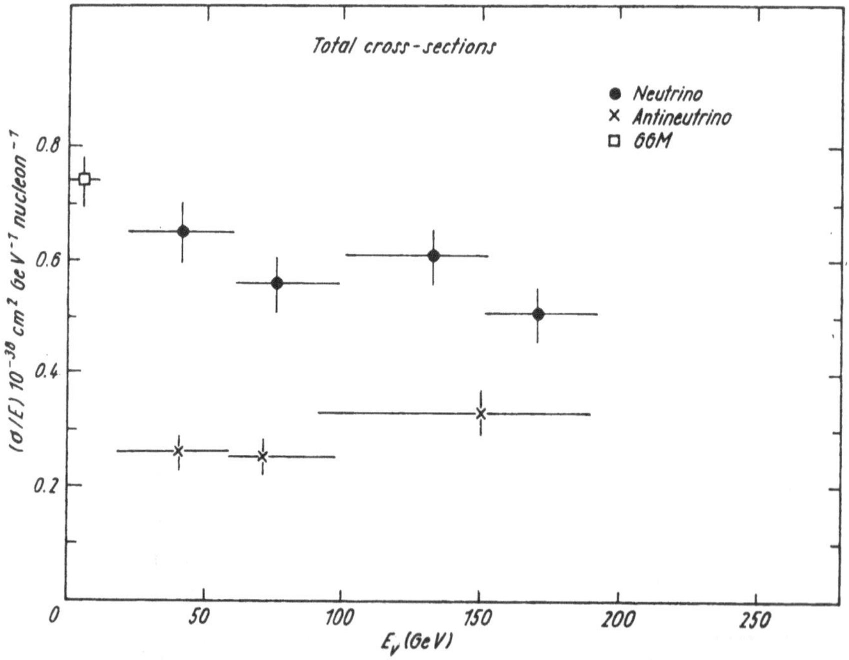

Abb. 17 Die Querschnitte der Neutrino- bzw. Antineutrinowechselwirkung als Funktion der Neutrinoenergie, gemessen in Blasenkammerexperimenten [9, 11]

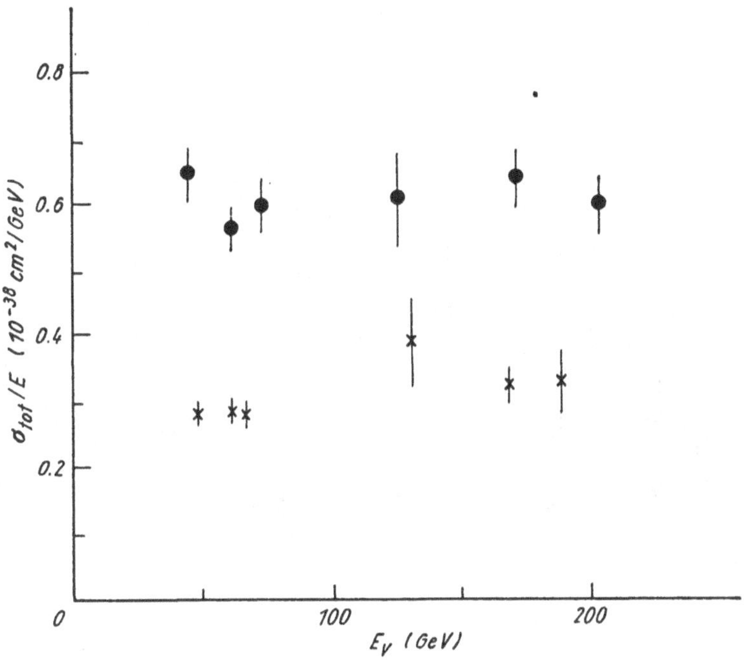

Abb. 18 Die Querschnitte der Neutrino- bzw. Antineutrinowechselwirkung als Funktion der Neutrinoenergie, gemessen in einem Zählerexperiment [12]

Die experimentellen Resultate sind nochmals in der nachfolgenden Tabelle zusammengefaßt:

Experiment	GGM [9]	BEBC [11]	CIT [12]	CDHS [13]
$\frac{\sigma_\nu}{E} \cdot 10^{-38}$ cm² GeV⁻¹ Nukleon⁻¹	0,74 ± 0,05	0,59 ± 0,05	0,60 ± 0,06	–
$\frac{\sigma_{\bar{\nu}}}{E} \cdot 10^{-38}$ cm² GeV⁻¹ Nukleon⁻¹	0,28 ± 0,03	0,27 ± 0,03	0,29 ± 0,03	–
$\frac{\sigma_{\bar{\nu}}}{\sigma_\nu}$	0,38 ± 0,05	0,46 ± 0,07	0,48 ± 0,07	0,45 ± 0,05

Zusammenfassend läßt sich feststellen, daß auch bei der tiefinelastischen Neutrino-Nukleon-Streuung eine starke Scaling-Verletzung nicht vorhanden ist.

Aus den Meßwerten ergibt sich weiterhin $A \approx 1$, d.h. die näherungsweise Erfüllung der Callan-Gross-Beziehung, die als Streuung der Neutrinos an punktförmigen Teilchen mit halbzahligem Spin interpretierbar ist.

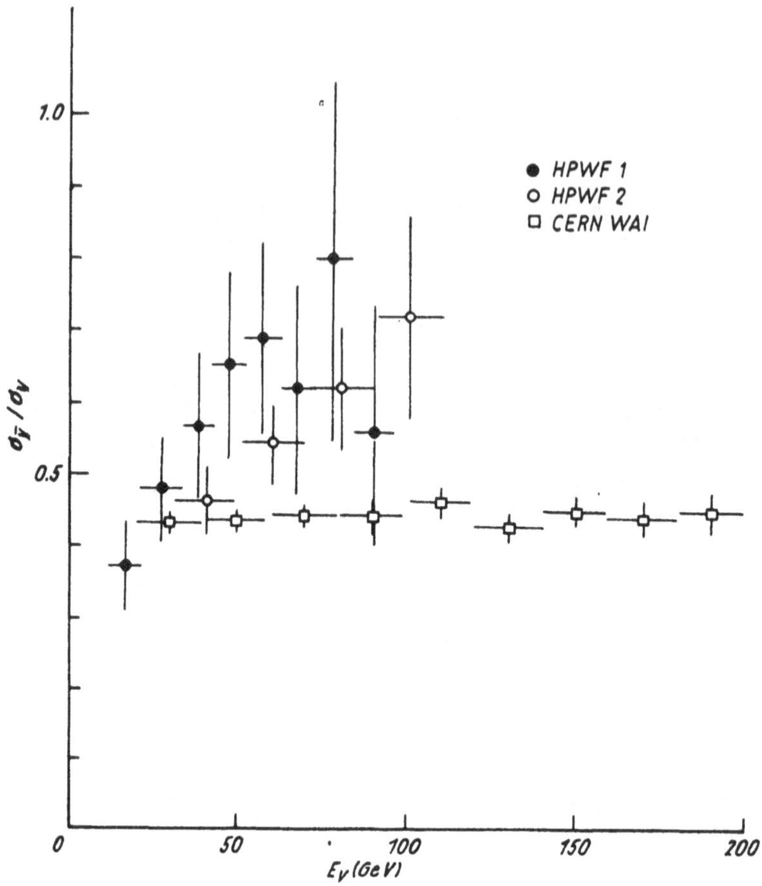

Abb. 19 Das Wirkungsquerschnittsverhältnis $\sigma_{\bar{\nu}}/\sigma_{\nu}$ als Funktion der Neutrinoenergie, gemessen mit Zählerapparaturen. Die Punkte und offenen Kreise zeigen die bereits in Abb. 16 dargestellten Meßwerte [10]

Die Beschreibung der Neutrino-Nukleon-Streuung im Rahmen des einfachen Quark-Parton-Modells ist also wiederum naheliegend.

Wir betrachten das Nukleon als System von drei Valenzquarks (im Falle des Protons *uud*, im Falle des Neutrons *udd*) und einem See aus $q\bar{q}$-Paaren.

Bezeichnet $u(x)$, $d(x)$, ... die Wahrscheinlichkeit, daß das betreffende Quark den Bruchteil x des Impulses des bewegten Nukleons trägt, so erhält man mit diesem Modell:

$$F_2(x) = 2xF_1(x) = q(x) + \bar{q}(x) \quad (8)$$
$$xF_3(x) = q(x) - \bar{q}(x)$$

mit

$$q(x) \equiv x[u(x) + d(x) + s(x) + c(x)]$$

$$\bar{q}(x) \equiv x[\bar{u}(x) + \bar{d}(x) + \bar{s}(x) + \bar{c}(x)].$$

Damit ergeben sich für die differentiellen Wirkungsquerschnitte die Ausdrücke:

$$\begin{aligned} \frac{d^2\sigma_\nu}{dx\,dy} &= \frac{G^2ME}{\pi}\,[q(x) + \bar{q}(x)\,(1-y)^2] \\ \frac{d^2\sigma_{\bar{\nu}}}{dx\,dy} &= \frac{G^2ME}{\pi}\,[q(x)\,(1-y)^2 + \bar{q}(x)]. \end{aligned} \tag{9}$$

Für die in (7) definierten Größen B und R ergibt sich

$$\begin{aligned} B &\equiv \frac{\int [q(x) - \bar{q}(x)]\,dx}{\int [q(x) + \bar{q}(x)]\,dx} \\ R &\equiv \frac{\sigma_{\bar{\nu}}}{\sigma_\nu} = \frac{4-2B}{4+2B}\,. \end{aligned} \tag{10}$$

Beiträge von $\bar{q}(x)$ können nur von See-Quarks im Nukleon kommen. Würde die Streuung sich auf Valenzquarks beschränken, so sollte $B = 1$ und $R = 1/3$ sein.

In Abb. 20 ist die Verteilung von B als Funktion der Neutrinoenergie E für die bereits erwähnten verschiedenen Neutrinoexperimente gezeigt. Insbesondere das neue CERN-Experiment [13] mit seiner großen Statistik ergibt

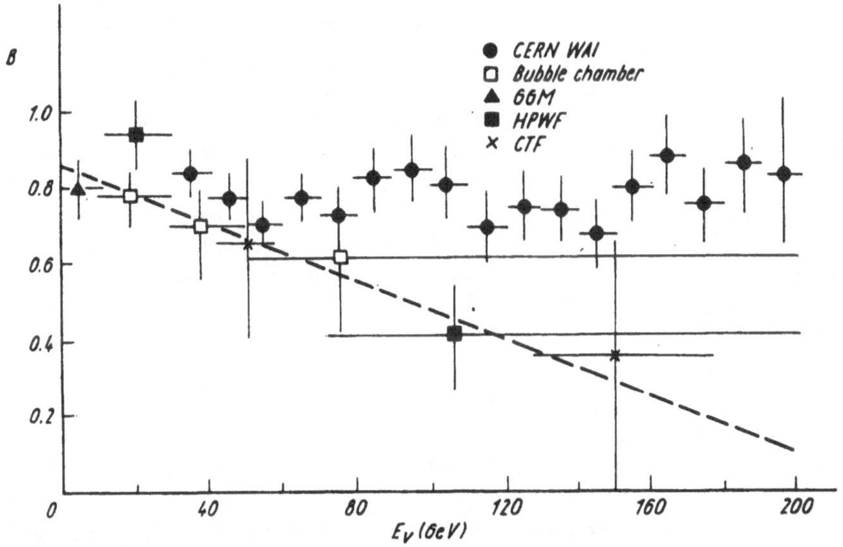

Abb. 20 Die in verschiedenen Experimenten ermittelten B-Werte als Funktion der Neutrinoenergie

$B \approx 0{,}8$, d.h. ein Überwiegen der Valenzquarks am Streuprozeß bei einem näherungsweise konstanten Bruchteil von $\approx 10\%$ Antiquarks.

Die Messungen ergeben ferner für

$$\int F_2(x)\, dx = \int [q(x) + \bar{q}(x)]\, dx \approx 0{,}5\,,$$

d.h. der Nukleonenimpuls wird nur zur Hälfte von den Quarks getragen. Es liegt nahe, die andere Hälfte den Gluonen zuzuschreiben.

Zusammenfassend kann also gesagt werden, daß die vorstehend beschriebenen Resultate des Studiums der tiefinelastischen Lepton-Nukleon-Streuungen eine weitere Evidenz für die Modellvorstellungen vom Quarkaufbau der Hadronen darstellen.

Damit ergibt sich das folgende symmetrische Schema der Basisfermionen in der Natur:

Leptonen		Hadronen	
e	ν_e	u	d
μ	ν_μ	s	c

Die Kräfte zwischen den Basisfermionen werden durch den Austausch der jeweils zugehörigen Feldquanten — Vektorbosonen — wie z.B. des Photons vermittelt.

Ungeachtet aller experimentellen Hinweise bleibt der erstaunliche Umstand, daß die Quarks bisher nicht als isolierte freie Teilchen beobachtet werden konnten. Die Streuexperimente weisen darauf hin, daß die Quarks in den Nukleonen nicht sehr stark gebunden sind. Wenn im Stoßprozeß im Inneren des Hadrons auf ein Quark ein großer Impuls übertragen wird, so verläßt es das Nukleon nur in einem Meson, d.h. in einem $q\bar{q}$-Paar.

Faßt man die Summe der experimentellen Resultate als überzeugende Hinweise auf die Existenz von vier gebundenen Quarks zusammen, so reduziert sich das Problem auf die Frage nach den Kräften zwischen den Quarks. Da diese offenbar unabhängig vom Quarktyp zu sein scheinen, wurden sie mit der allen Quarks gemeinsamen Eigenschaft — der Farbe — verbunden. Die Farbe der Quarks läßt sich als Quelle des Gluon-Feldes betrachten, das die Kräfte zwischen den Quarks vermittelt. Das Gluonfeld, über das wir experimentell nahezu nichts wissen, besitzt Farbladung. Bei der Emission bzw. Absorption eines Gluons wird eine Farbeinheit zwischen Quark und Gluon ausgetauscht. Die zugehörige Theorie ist eine nichtabelsche Feldtheorie, die als Quantenchromodynamik — QCD — bezeichnet wird.

Es besteht die Hoffnung, mit der QCD viele der beobachteten Verhaltensweisen der Quarks beschreiben zu können. Zur Zeit kann man es jedoch keineswegs als gesichert ansehen, daß die Quark-Wechselwirkungen durch die QCD mit den masselosen Vektorfeldern und den Farben der Quarks als deren Quelle richtig beschrieben werden.

5. Die neuesten Teilchen

In den vorstehenden Betrachtungen sprechen wir von den 4 Quarks und den 4 Leptonen als den elementaren Bausteinen der Materie. Die Experimente der jüngsten Vergangenheit weisen jedoch auf das Vorhandensein weiterer Leptonen und Quarks hin. Das im Vorhergehenden angedeutete Bild erweist sich als unvollständig.

5.1. Das τ-Lepton

Im Jahre 1975 beobachteten M. Perl und Mitarbeiter in Stanford 105 anomale μe-Ereignisse der Art

$$e^+ + e^- \to e^\pm + \mu^\mp + \text{„nichts"}.$$

Dabei bedeutet „nichts" keine geladenen oder neutralen Hadronen bzw. keine γ-Quanten. Für diese Ereignisse gab es keine Erklärung im Rahmen der bisher betrachteten Vorstellungen.

In der Folgezeit wurden weitere Untersuchungen in Stanford und Hamburg angestellt. Ihre Resultate lassen sich mit hoher Wahrscheinlichkeit durch die Existenz eines superschweren Elektrons τ erklären.

In Analogie zu den beiden bekannten Leptonen e und μ sollte ein drittes schwereres Lepton von einem eigenen Neutrino ν_τ begleitet sein und folgende Zerfallseigenschaften besitzen:

$$\begin{aligned} \tau^- &\to \nu_\tau e^- \bar{\nu}_e \\ &\to \nu_\tau \mu^- \bar{\nu}_\mu \\ &\to \nu_\tau + \text{Hadronen.} \end{aligned}$$

In e^+e^--Annihilationsprozessen muß in Erfüllung der Erhaltungssätze das τ in Verbindung mit seinem Antiteilchen erzeugt werden $e^+ + e^- \to \tau^+ + \tau^-$. Ein möglicher Zerfall in einem derartigen Prozeß entspricht den Ereignissen, die die ersten Hinweise auf das τ ergaben:

$$e^+ + e^- \to \tau^+ + \tau^- \to e^+ + \mu^- + \text{„nichts"}$$

$$\tau^- \to \mu^- \nu_\tau \bar{\nu}_\mu$$

$$\tau^+ \to e^+ \bar{\nu}_\tau \nu_e.$$

Die Vermessungen der Impulsspektren der Elektronen bzw. der Muonen aus den anomalen Ereignissen zeigte, daß es sich um keine Zweikörperprozesse handelt. Dem „nichts" in der Reaktionsgleichung entsprechen also ein oder mehrere Neutrinos. Weiterhin ergaben die Messungen eine Form des Impulsspektrums von Elektron bzw. Muon, die deutlich verschieden war von den entsprechenden Spektren aus den semileptonischen Zerfällen von Teilchen mit Charm.

In diesen Tagen wurde von einer Gruppe des DESY, Hamburg [14] der experimentelle Beweis erbracht, daß die Masse des τ-Leptons unterhalb der Schwelle der Erzeugung von Mesonen mit Charm liegt. In Abb. 21 ist der Wirkungsquerschnitt für die Erzeugung eines $\tau^+\tau^-$-Paares als Funktion der Energie für Prozesse gezeigt, in denen im Endzustand ein Elektron ein geladenes Hadron bzw. Muon und eine beliebige Zahl von Photonen beobachtbar sind.

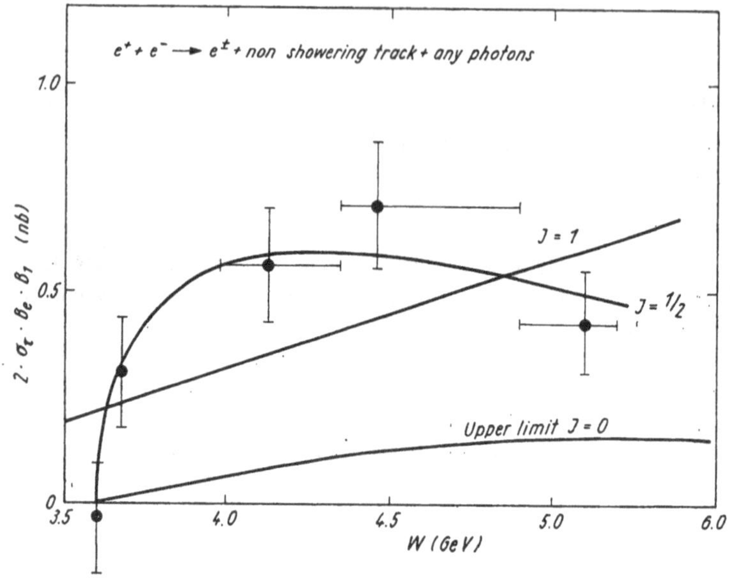

Abb. 21 Das Wirkungsquerschnittsverhalten als Funktion der Gesamtenergie für die Erzeugung eines schweren Leptonenpaares $\tau^+\tau^-$

Aus dem Schwellenwert des Erzeugungsquerschnittes ergibt sich $m_\tau = 1{,}80 \pm 0{,}02$ GeV. Vergleicht man den Querschnittsverlauf mit den Voraussagen für den Spin punktförmiger Teilchen, so findet man eine gute Übereinstimmung für die Paarerzeugung punktförmiger Fermionen.

In der nachfolgenden Tabelle sind die Anteile der von der Theorie der schwachen Wechselwirkungen vorausgesagten Zerfallshäufigkeiten den bisher beobachteten Zerfällen gegenübergestellt.

Zerfall	Theorie [%]	Experiment [%]
$\tau^- \to \nu_\tau e^- \bar{\nu}_e$	20	18 ± 3
$\to \nu_\tau \mu^- \bar{\nu}_\mu$	20	18 ± 3
$\to \nu_\tau \pi^-$	11	$2 \pm 2{,}5$
$\to \nu_\tau K^-$	1	1,6
$\to \nu_\tau \varrho^-$	22	24 ± 9
$\to \nu_\tau A_1^-$	7	11 ± 4

Die Übereinstimmung ist bemerkenswert. Es bleibt abzuwarten, was weitergehende Messungen des $\tau \to \nu\pi$-Zerfalls ergeben. Der experimentelle Nachweis eines τ-Neutrinos steht noch aus. Sollte sein Nachweis gelingen, hätten wir ein drittes Leptonenpaar.

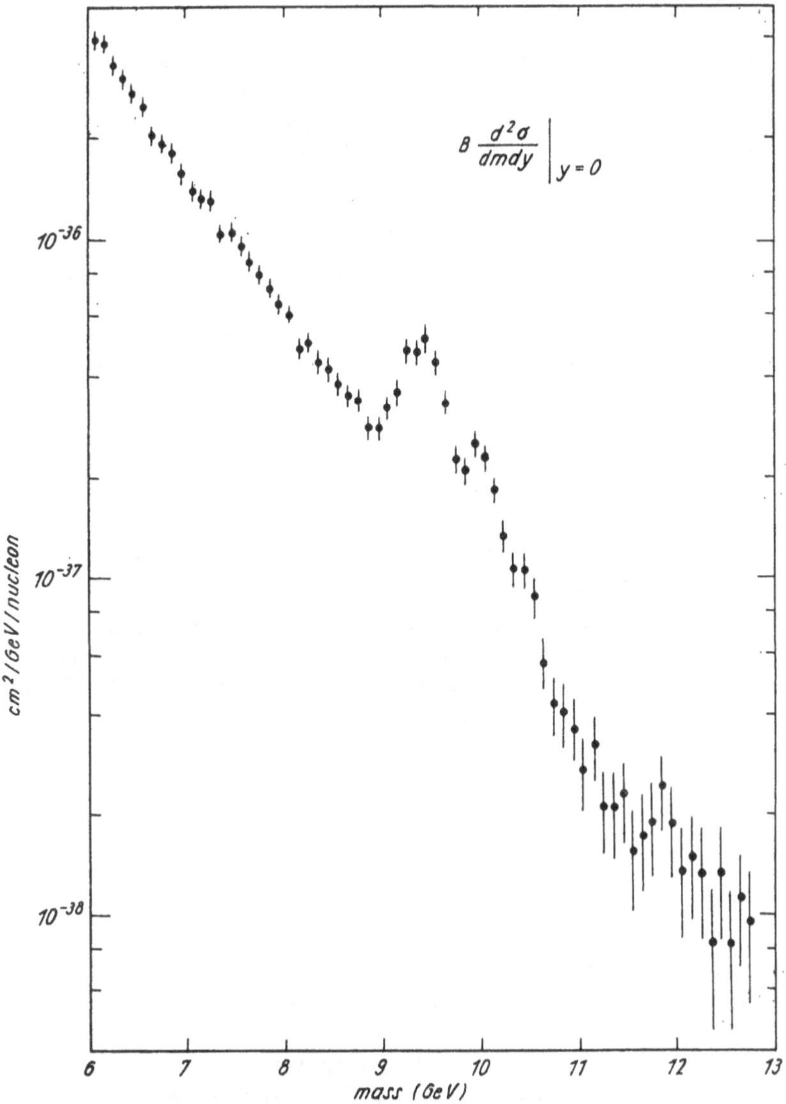

Abb. 22 Das effektive Massenspektrum der $\mu^+\mu^-$-Paare gemessen in der Reaktion $p + (\text{Cu, Pt}) \to \mu^+ + \mu^- +$ weitere Teilchen

Mit 6 Leptonen und 4 Quarks ist aber wiederum die bereits erwähnte Symmetrie zwischen beiden Teilchengruppen gestört. Wollte man diese Symmetrie erhalten, so müßte man das Auftreten weiterer Quarks erwarten.

5.2. Das Υ-Teilchen

Im Sommer dieses Jahres berichtete eine unter der Leitung von L. LEDERMAN stehende Gruppe über die Entdeckung eines neuen Teilchens, das sie als Upsilon — Υ bezeichneten [15]. Am 500 GeV/c-Protonenbeschleuniger des FERMI-Laboratoriums untersuchten sie die Erzeugung von Muon-Paaren in den Reaktionen

$$p + (\mathrm{Cu}, \mathrm{Pt}) \rightarrow \mu^+ + \mu^- + \text{weitere Teilchen}.$$

Im $\mu^+\mu^-$-Massenspektrum (siehe Abb. 22) erkennt man über einem exponentiell abfallenden Untergrund zwei Maxima bei $M(\Upsilon) = 9{,}4$ GeV und bei $M(\Upsilon') = 10{,}0$ GeV.

In Analogie zum ψ-Teilchen läßt sich vermuten, daß es sich beim Upsilon um ein neues Quark-Antiquark-System handelt.

Die Lepton-Quark-Symmetrie fordert zwei neue Quarks, die man mit t und b bezeichnet. Ob es sich bei den in Abb. 22 gezeigten Maxima um Zustände des $t\bar{t}$- oder $b\bar{b}$-Systems handelt, bleibt abzuwarten. Die Bemühungen der Gruppe konzentrierten sich gegenwärtig auf eine Erhöhung der Statistik und des Auflösungsvermögens der Anlage. Dabei ist bemerkenswert, daß der Wirkungsquerschnitt für die Erzeugung des Υ nur bei etwa 10^{-37} cm^2 liegt.

Nach der Inbetriebnahme der neuen e^+e^--Speicherringanlagen, die sich gegenwärtig im Bau befinden (Nowosibirsk, Hamburg, Stanford) und weit höhere Energien als die bisherigen Anlagen besitzen, wird sich die Möglichkeit einer Spektroskopie ähnlich wie beim Charmonium eröffnen.

6. Schlußbemerkungen

Wie aus den vorstehenden Ausführungen ersichtlich, ist das wichtigste Resultat der experimentellen Hochenergiephysik des letzten Jahrzehnts die ständig wachsende Überzeugung, daß die Hadronen Systeme aus Quarks sind. Der Fortschritt auf dem Gebiet der Elementarteilchenphysik vollzieht sich langsam. Es wird auch immer deutlicher, daß sich auf der fundamentalsten Ebene unseres physikalischen Materieverständnisses die Symmetrien, die Existenz von Elementarkomponenten und ihre Dynamik einander auf komplizierte Art wechselseitig bedingen. Gerade das aber macht den Aufbau einer widerspruchsfreien einheitlichen Theorie so schwierig, wenn auch hoffnungsvolle Anfänge dafür vorliegen. Dennoch ist es unwahrscheinlich, daß mit dem derzeitigen Stand unserer experimentellen Kenntnisse eine einheitliche Theorie überhaupt möglich ist.

Wir sprechen von den Quarks als den fundamentalen Bausteinen der Hadronen, aber wir sind nicht in der Lage, sie experimentell als freie Teilchen nachzuweisen. Wir führen ein masseloses Vektorfeld — das Gluon-Feld — ein, obwohl die experimentelle Basis, dafür noch sehr beschränkt ist. Wir sprechen heute von den Quarks und Leptonen als den Basisfermionen der Materie und finden Hinweise auf ein weiteres Wachsen ihrer Zahl. Wir beschreiben die schwachen Wechselwirkungen durch intermediäre Vektorbosonen ($W^{\pm}$ und Z^0), die bisher nicht beobachtet werden konnten, da ihre hypothetischen Massen die Möglichkeiten der bestehenden Beschleuniger übersteigen.

Wir führen in die Theorien willkürliche Kopplungskonstanten, wie z.B. in der Quantenelektrodynamik die elektrische Ladung, ein, verstehen aber nicht, wie die beobachteten Werte dieser Größe zustande kommen. Seit der Entdeckung des Elektrons ist die Präzision der Messung von $\alpha = e^2/\hbar c$ zwar um viele Größenordnungen gewachsen ($\alpha = 1/137{,}035982$), aber dem Verständnis dieser Kopplungskonstanten sind wir wenig näher gekommen. Wir wissen gegenwärtig etwas mehr über ihren Zusammenhang mit der Kopplungskonstanten der schwachen Wechselwirkung G.

Wir haben keine Theorie, die uns die Gründe angibt, warum das Nukleon etwa 2000mal schwerer ist als das Elektron. Letztlich hängen alle chemischen Strukturen und das Leben von diesem Massenverhältnis ab. Wir erwarten, daß es auf bisher unbekannte Weise mit der starken Wechselwirkung verbunden ist.

Wir nutzen im großtechnischen Maßstab die Kernenergie, haben aber keine Theorie, die uns den Ursprung der Kernkraft zwischen den Nukleonen erklärt: Die Situation ist etwa vergleichbar mit der der chemischen Kraft vor der Entdeckung der inneren Struktur der Atome. Die Ableitung der chemischen Kraft als Konsequenz der Quantenstruktur der Atome gelang erst Heitler und London in den zwanziger Jahren dieses Jahrhunderts. Wir hoffen, daß sich die Kernkraft als Konsequenz der inneren Struktur der Nukleonen eines Tages beschreiben läßt.

Die Zahl der möglichen Quarkteilchen nimmt ebenso wie die der Leptonen weiter zu. Verlieren diese Objekte nicht wiederum, trotz ihrer heute allgemein akzeptierten Ausdehnungslosigkeit, an Wahrscheinlichkeit, Basisteilchen der Natur zu sein? Werden wir in einigen Jahren weitere tiefergehende Substrukturen auffinden und etwa eine Spektroskopie der Quarks selbst betreiben? Deutet etwa die „Punktförmigkeit“ darauf hin, daß unterhalb der Quarkwelt unser Raum-Zeit-Konzept einer grundlegenden Korrektur bedarf?

Häufig wird der gegenwärtige Status der Elementarteilchenphysik mit dem Zustand der Atomphysik kurz vor der Entwicklung der Quantenmechanik verglichen. Jedoch erscheinen die Wege, die die moderne Hochenergiephysik einschlägt, ebenso beispiellos wie es die Entwicklung der Quantentheorie selbst war.

Ich danke den Kollegen U. Kundt und U. Krecker für ihre wertvollen Anregungen und Hinweise bei der Fertigstellung des Manuskriptes.

Literatur

[1] C. Evangelista u.a., CERN/EP/PHYS 77–24 (1977).
[2] G. Goldhaber et al., Phys. Rev. Letters 37 (1976) 255.
I. Peruzzi et al., Phys. Rev. Letters 37 (1976) 569.
W. Braunschweig et al., Phys. Letters 63 B (1976) 471.
J. Burmester et al., DESY-Report 76/53 (1976).
[3] H. K. Nguyen et al., Phys. Rev. Letters 39 (1977) 262.
[4] G. J. Feldman, Properties of the D-Mesons; SLAC-PUB-2000; August 1977.
[5] R. Brandelik et al., Evidence for the F-Meson; DESY 77/44, July 1977.
[6] B. Knapp et al., Phys. Rev. Letters 37 (1976) 882.
[7] E. M. Riordan et al., SLAC-Report No. SLAC-PUB 1634, 1975.
[8] H.L. Anderson et al., Phys. Rev. Letters 38 (1977) 1450.
[9] T. Eichten et al., Phys. Letters 46 B (1973) 274.
[10] A. Benvenuti et al., Phys. Rev. Letters 37 (1976) 189.
[11] P. C. Bosetti et al., noch nicht publiziert.
[12] B. C. Barish et al., noch nicht publiziert.
[13] M. Holder et al., Phys. Rev. Letters 39 (1977) 433.
[14] R. Brandelik et al., DESY 77/81.
[15] S. W. Herb et al., Phys. Rev. Letters 39 (1977) 252.
W. R. Innes et al., Phys. Rev. Letters 39 (1977) 1240.

FSC
www.fsc.org
MIX
Papier | Fördert gute Waldnutzung
FSC® C083411

Kolibri 360 GmbH
Ferdinand-Jühlke-Straße 7
99095 Erfurt, Deutschland
produktsicherheit@kolibri360.de